【10週年暢銷經典版】

懶人農法第1次全圖解：

與自然共生的樸門設計，教你種出無毒蔬果，打造迷你菜園、綠能農舍

パーマカルチャー菜園入門

審訂——設樂清和
NPO非營利組織「日本樸門永續設計中心代表」

Contents

第2章

樸門永續設計菜園的21個構想

本書所介紹的栽培時期，以日本南關東地區為基準。
因天候、地域不同，或有些微差異，請視土地狀況調整耕種。

推薦序

睜眼觀有機世界，寬心營自在家園

賴青松　穀東俱樂部農伕

很難說明白，第一次聽聞樸門農法時的那種複雜的心情，有種眾裡尋她千百度，回首卻在燈火闌珊處的況味！

年少輕狂時，有感於公害頻仍，台灣環境有難，胸懷壯志投入環境工程的門牆，卻無法滿足於為污染者善後的宿命。其後輾轉接觸環境教育及消費運動領域，其時正值台灣有機農業起步階段，也因此結識許多勇敢放下農藥與化肥的先驅農民，一方面樂得透過他們敏銳的眼睛，從一畦菜圃盡覽生界奧祕；另一方面，卻也不免為他們抱屈，畢竟不使用農藥化肥並不等於有機耕作，而「農藥無檢出」更不應該與「有機」劃上等號！

然而，在台灣這個習慣速食，一切要求速效的社會環境中，原本試圖為失速的科技主義及發展邏輯提出針砭的有機哲學，竟淪為一張張可以討價還價的蒼白標籤。「如何才能讓大家明白，一座有機園圃中所孕育的無限生機？」「如何才能讓更多人參與，在生活中創造有機的生產場域？」

這樣的問題多年來始終縈繞心中，直到遇見樸門農法，這才有恍然大悟的感覺！如果說有機生活的哲學是現代人類追求的寶山，那麼樸門農法便是指引我們方向的藏寶圖！

還記得引領自己進入農耕世界的老師何金富先生常說：「觀察，是做一個有機農夫的基本功。」而這也正是樸門實踐的首要原則。一個好的農夫，進到田地或菜園的時候，第一件事不該是忙著鋤地刈草，而是該靜下心來，漫步田間畦徑，傾聽園子裡有情萬物的合奏樂章。

唯有細心的觀察，你才能發現原來幫忙吃蟲的鳥兒，卻在久雨過後成了飢不擇食的蔬菜殺手！也只有長時間的觀察，你才會明白當颱風過門而不入時，往往預告了稻飛虱大軍已然不遠！

好奇心本是人類與生俱來的強大生命力，可是多少孩子的好奇心，卻在無趣的自然科背誦中消失無形。直到自己成為動手實作的農夫之後，才開始思索為何喜歡住在沙地的胡蘿蔔，總是長出一條長長的軸根？而同樣喜歡在沙地生長的西瓜，卻生出一大叢細長綿密的鬚根？原來，源自西域的胡蘿蔔，出身雨量稀少的中亞荒漠，植物求生的本能自然分化出長長的汲水管。

依此類推，我們則可以推論西瓜出生的非洲故鄉，應該是雨旱不均的草原氣候，西瓜才需要大量的細根去爭取短暫而寶貴的水源。

既然理解了不同作物的原生環境與生命特質，只要順性而為，模擬原鄉的環境條件，就能創造出生氣蓬勃的食物園地。

然而，除了敏銳的觀察與適當的技術之外，更重要的樸門永續關鍵應在於「分享」與「知足」！無論在閩客的農村或是山海的原民部落，處處都能見到如此代代相傳的生活態度。鄉間時常聽聞的招呼聲「食飽未？」無疑蘊含了邀請分享的深意；而原住民朋友們不時不取的採集與狩獵禁忌，更是知足的具體展現。反過來說，囤積寡佔以及貪得無厭不正是現代都市文明最大的致命傷！

正如同設樂先生在後記中所說：「環境問題就是文化的問題！」我們當前的主流都市文明無疑正走入一個沒有未來的死胡同，期待所有認同樸門永續設計的朋友們，都能在生活中嘗試實踐「細心觀察」、「活用技術」以及「知足分享」的生命態度，相信這將會是一切美好轉變的開始！

推薦序

自己生產食物——人人都能參與的草根革命

孟磊 Peter Morehead 台灣樸門永續設計學會理事長
江慧儀 大地旅人環境工作室創辦人

樸門永續設計（Permaculture）正式傳入台灣是在二〇〇八年，由大地旅人環境工作室邀請澳洲第一代的資深樸門永續設計教育家Robyn Francis女士，來台教授為期十四天的樸門永續設計基礎認證課程（Permaculture Design Course）。參與者的背景多元，包括藝術工作者、農夫、律師、教師、學生、家庭主婦主夫等。

此後不到五年的時間，樸門永續設計如同活躍的酵母般在台灣傳播開來，並在各領域以不同大小的尺度、規模被實踐著。顯示在物質富裕的年代，人們對於貼近自然、回歸土地的生活有著愈來愈深的渴望。

回想起約七年前，經由朋友的引介，我們帶著幾本國外出版的樸門永續設計實用書籍與出版界朋友見面。心想著有沒有人願意將這些提倡「自力生活」的好書翻譯出來，讓更多台灣的朋友受惠。也許當時的社會氣氛並未讓出版社感覺到市場潛力，引進樸門永續設計書籍的期待因此沒能實現。時至今日，除了由大地旅人環境工作室自行翻譯出版的《地球使用者的樸門設計手冊》（Earth User's Guide to Permaculture）之外，在台灣主流出版市場下正式以「樸門」為名的實用翻譯書籍，果力文化的《與自然共生的樸門設計，教你種出無毒蔬果，打造迷你菜園、綠能農舍》這本書也可說是先驅之一了。

做為台灣的樸門永續設計推動者，我們認為這是件值得欣慰的事情。無論是放眼全球、經營社區，或從「創造自給自足的自力生活」角度來看，本書都因應了這些年來人們追求安全幸福生活與新生命價值的需求。

英國的樸門永續設計推動者Graham Bell曾說：「樸門永續設計是偽裝成為有機農藝的革命運動」。從全球氣候變遷引起的頻仍災害、糧食隨能源價格持續攀升，以及種子多樣性被少數跨國公司掌控等種種脈絡下，「自己生產食物」，確實是人人都能參與，且最實際而重要的草根革命行動。

這本書，提供了樸門永續設計推動這項革命行動的一些方法，以更有效率的能源運用、更聰明且永續的方法，激勵讀者以更大的動力和勇氣投入「自己生產食物」的生活。

讀者若對樸門永續設計產生興趣而深入探究，應會很快發現，樸門永續設計是一門跨領域的設計架構，而農園的設計也僅是樸門永續設計的其中一種展現。

樸門永續設計重要的精髓，在於「向大自然學習設計」的原則。這些衍自生態法則的設計，在本書中以「關鍵字」的形式不斷地被提及。而既然是「原則」而非「規則」，便表示應該掌握「因地制宜」、「適地適用」的策略。讀者在閱讀本書的時候，書中介紹的各種農藝技術，例如菜圃形式、雞舍、中水過濾、生態廁所等，都應被視為設計的參考依據，但非唯一的方法。讀者可依不同環境條件，互相參照、發明。

掌握這樣的態度閱讀本書，而後進一步嘗試、實踐，相信讀者們在「自己生產食物」這場溫柔而堅定的革命行動中，都將能收穫滿滿，不僅能夠改變自己，也在默默地改變著我們的世界，讓它更美好！

前言

一起動手，打造有機、循環的樸門菜園！

在注重環保的時代
追求新的飲食形態與生活方式

想要展開新生活。

想創造更適合居住的環境與社會。

因此，我們必須尋求新的語彙和思維。

因此「樸門永續設計」對於世界各地的人來說，具有無法抵擋的魅力。

樸門永續設計是一種思想，試圖改變既有生活形態，減少消耗石化燃料，充份利用太陽能，形成循環型的社會。樸門並提出幾個重要原則與基本實踐方法，讓人類能永續在地球上存活下去。

在日本與世界各地，許多人關心健康與生活環境，樸門永續設計「有機」、「生態學」等概念同樣受到支持，漸漸推廣開來。

目前人們尚在摸索如何保護地球環境、找出各地生活的共通點，樸門永續設計主張的循環農法，提供了我們目前正需要的生活方式與實踐技術。

設置一座菜園時，你的首要考量是什麼呢？許多人想到的應該是要吃什麼蔬菜水果，其次是如何栽培這些作物。

如果能規劃出適合自己的菜園，想出主題與方法，這是非常具有創造性的行動，甚至能展現出自己的個性與特質。

近年來，許多完全沒有務農經驗的年輕人開始從事農業，可能是覺得農事與其他職場不同，既可以接觸大自然，又能表現自己的想法。

食物與環境的課題，應擴大它的實踐範圍，讓更多人參與。一個人無法解決的問題，若透過大家集思廣益、競相提出各種作法，就會產生出不同的答案。

樸門的構想是以農業生活為主，由志趣相同的伙伴或當地社區居民共同改善環境，所以樸門永續設計的最終目的，其實在於樂趣。

以農業生活為中心
設計可持續循環的永續生活

本書介紹樸門永續設計的想法與實踐方法，以家庭菜園為例進行解說。

樸門永續設計的基本理念是以農業生活為中心，建構可持續運作的環境與社會。

本書以「循環式有機栽培」為基本，譬如作物收成後可食用，剩下的食材則用來製作堆肥。另外也介紹如何建構保護生態的有機家庭菜園，不需使用農藥，透過共生栽培、生物資源來驅逐害蟲。

樸門永續設計與其他有機農法，究竟有什麼區別呢？首先，樸門的特色是以集約方式在有限的空間、時間栽培多種作物。另外，樸門以農為本，目標是設計持續性的生活，視野稍微較宏觀一些。

如果在自己家栽培作物，收成後以堆肥的形式回歸菜園，這樣的循環不僅有助於解決環境問題，也能完全落實在生活中。家庭菜園帶來的樂趣不僅知性而且有益健康，還能為你節省開銷。

我們由衷希望讀者參考這本書介紹的原則，並配合自家環境，找出屬於自己的方法。

雖然一開始可能不見得會進行順利，除了參考書中內容，也請因應家中的日照、通風、降雨等環境條件，觀察植物生長，便能設計出最適合自己的永續循環型家庭菜園。

3大原則、10個關鍵字、21種構想
把自家變成食物森林

本書結構分為2章，第1章是理論，第2章是實踐。

第1章的標題是「將世界轉化為食物森林」，以一句話充份表達出樸門永續設計的理念。如何在自

家各處設置「食物森林」，也就是菜園，本章將說明一些基本構想。

第1章的第1節，介紹樸門如何誕生，與它在世界發展的歷史。讀完這個部份，就能明白什麼是樸門永續設計。

第2節：將樸門文化菜園的基本原則整理成關鍵字。

第3節：開始設置樸門文化菜園時，有哪些基本的設計方法與配置。

第4節：介紹日本已實踐樸門理論的農園或家庭菜園。透過實例解說樸門菜園與建構的重點，會更容易理解。

在第2章將介紹21種構想，以澳洲誕生的樸門永續設計為基礎，引介過去十五年來在日本發展出的各種實例。

第2章的第1節，介紹如何將樸門永續設計融入菜園的形式，並詳細解說建構菜園與栽培作物的方法。

第2節：介紹如何藉由動物和植物的力量保護作物、防治病蟲害以及鬆土。

第3節：介紹如何製作堆肥、利用雨水。歡迎在自家嘗試看看。

第4節：如何在家中製作苗床。可依目的與需求改裝自宅，並發揮各種用途。

另外，在各單元最後都附有生活提案，內容與前幾篇主題相關。除了可吸收知識，對於建構菜園與生活方面的應用，都很值得參考。

將世界轉化為食物森林
樸門永續設計

綜觀全世界，由於都市化與大規模農業擴張，人為導致土壤砂漠化，無法生產食物與不能種樹的地帶逐漸擴張。

對於不毛之地的居民而言，如果周遭就有可提供食物的綠地，那簡直就像夢境中的世界。

日本經常呼籲要提高國內農產量。如果能在生活環境培育出食物森林，除了為生命提供保障，更是一種融合自然的生活方式。這種樂趣非常寶貴，也無法替代。

第1章將重點解說：樸門永續設計主張「將世界轉化為食物森林」，在日本從誕生到發展的過程。

第1章

1 樸門的誕生

樸門的起源可追溯到一百年前的日本

樸門永續設計源自澳洲，一九七八年由比爾・莫利森（Bill Mollison）等人發表。

當時以澳洲為首，世界各地正大規模推行單一種植（monoculture），以大面積種植同一種作物。這種耕種方式從空中噴灑農藥，利用大型灑水裝置灌溉，透過收割機大批收成，乍看之下似乎是很有效率且能獲利的作法。

不過，這種大規模的栽培方式引發了許多問題。譬如，農藥對野生動物與附近居民造成影響，在同一塊土地持續種植相同的作物，使地力疲乏。過度汲取地下水，造成水源枯竭、土地中的鹽份濃度上升，有些地方甚至變得無法耕種。

除了比爾・莫利森之外，也有其他人對這種耕作方式感到質疑，並提出警告：單一種植將過度耗竭大地資源。

在比爾・莫利森提出樸門永續設計約一百年前，美國已有學者對近代農業的方向提出修正。

這位學者叫作金恩（F. H. KING, 1848~1911），他曾任威斯康辛大學農學教授，並在美國農業部負責管理土壤。他為密西西比河流域的土壤逐漸受到侵蝕感到憂心，認為以磷礦等大量礦物資源作肥料，不是長久之計。

為了改善現狀，他走訪日本、中國、朝鮮等高人口密度地區，以黃河流域為首，調查已有四千年歷史的高度集約、循環型的有機耕種。

以日本為例，栽培作物收成後，食用後再透過堆肥的形式回歸土地，
這就是一百年前的日本樸門農法。

東亞農夫四千年的古老智慧：高度集約、循環式的有機耕種

這份調查以《東亞農夫四千年的永續農業》（Farmers of Forty Centuries or Permanent Agriculture in China, Korea and Janpan, 1911）為題，發表專書。題名中的「永續農業」傳達出金恩的期望，希望藉由導入東亞（中國、韓國、日本）的農耕方式，可確保將來人口增加後，美國公民仍持續擁有足夠的糧食。

他在這本著作中反覆強調幾種原理，像是利用人與家畜的排泄物，製作堆肥讓植物吸收養份，循環利用。河口附近，大量累積了從山岳地帶沖刷出的礦物質、夾帶含養份的有機物，相當適合作為田圃。以及如何搭建棚架，充份利用空間。

對於我們這些東亞的居民而言，這些都是早已聽說過的古老方法，毫無特別之處。

但對金恩而言，這些原理都讓他大開眼界。尤其美國向來以現代文明自豪，認為把排泄物沖進下水道才是進步的象徵，並特別開採山中的礦物散播到田裡。

金恩在這本書中，多次引用霍普金斯博士的著作《土壤肥沃度與永續農業》（Soil Fertility and Permanent Agriculture）。這也意味著：當時的學者已經著手研究「永續農業」。

早在一百年前，歐美就以永續農業為題，思考如何栽培作物；當時日本的耕種方式，也成為研究範例之一。

從漁夫生涯
領悟到大自然運作的方式

一百年前，甚至早在遙遠的四千年前，永續農業就是支撐東亞居民生活與文化的重要概念。但這與比爾・莫利森提倡的樸門永續設計，究竟有什麼差別？

想釐清這一點，就必須先瞭解比爾・莫利森生長的背景。

一九二八年，他出生於澳州塔斯馬尼亞的小漁村。當地有大自然環繞，人人都能自給自足，他也跟其他人一樣，嘗試過各種各樣的打工機會；其中影響他思想最深的是漁夫的經歷。

漁夫的工作與農業不同，他們並非積極費力去改變環境，而是自己投身於大自然，捕撈漁獲。莫利森就是在捕魚的過程中，領悟到大自然運作的方式，以及維持永續的重要性。

樸門永續設計的原點是「將世界轉化為食物森林」。主因是莫利森打漁時，航行在與整個世界相通的海洋上，於是他領悟到人類所能取得的食物，應該像「漁場」般無所不在，持續不竭。

一九五〇年代，莫利森察覺到維繫生活的自然體系已逐漸崩解。當時他以生物學者的身份，任職於CSIRO（澳洲聯邦科學暨工業研究組織）的野生生物調查單位，及塔斯馬尼亞省漁業部門，他親眼目睹漁獲量銳減、森林遭受破壞的現況。

當莫利森思索人類的未來，察覺到前所未見的危機，於是對破壞自然體系的元兇——政界與工業界提出抗議，但未造成任何改變。

於是他決心找出一種模式，既不會破壞生態，又可以讓人類與動植物和平共存。

一九六八年，比爾・莫利森在塔斯馬尼亞大學任教，並認識研究生態學的大衛・洪葛蘭（David

樸門永續設計蘊含豐富的生活形態，藉由在小型菜園栽培多種作物，
採收後食用，製作堆肥，形成完整的循環。

Holmgren）。一九七四年，他們提出永續農法的架構。比爾・莫利森從漁夫生涯體會的自然觀與生態學一致，他們藉由語言描繪出自身體驗的世界，完成樸門永續設計的理論。

藉由栽培多種作物
保持生物多樣化、實踐永續生活

樸門永續設計（Permaculture）有兩層意義，包括「永續的農業」（Permanent Agriculture）與「永續的生活」（Permanent Culture）。

如果將樸門解讀為與「單一種植」相反的字彙，就會有更深層的體悟。這也意味著樸門主張以「共生」為基礎，栽培多種作物，包括多年生樹木與灌木、蔬菜與野生植物、香草植物、菇類等。

樸門永續設計非常注重植物、動物、建築、水、能源等生活各項元素，並以合乎生態學的原則加以妥善配置，儘量不壓榨自然環境、不製造污染，以「自給自足」為目標，產量也仍高於原本的自然狀態。

譬如澳洲每平方公里大約有六百種動植物，經過人為努力之後，可增加到一千種生物。樸門永續設計的理念就是讓環境更豐富，也讓生物保持多樣化。

樸門永續設計有3項行動方針：

1 觀察自然系統 建議持續一年，觀察當地的氣候、氣象，與動植物繁衍、行動的模式。

2 活用傳統智慧與文化 研究每個地區自古流傳、適合當地的栽培方式與動植物利用方法，並加以運用。

3 導入有效的科學技術 若是對地球與社會環境有益的技術，在科學上已發展完全、而且不會造成無謂的浪費，就可積極引進。

樸門永續設計涵蓋的範圍，從農業出發，包括了林業、建築、能源等領域。理論之外也展開實際的實踐，尋找土地過自給自足的生活，進行搜集資料與調度資金等行動。樸門並透過社區的功能，重拾人與人之間的關係，解決各種環境、社會問題。因此，樸門可說是涵蓋人類生活全部範圍的設計系統。

在世界各地，發展出適合本地環境的作法

樸門永續設計由於橫跨多種領域，剛發表時曾惹惱各領域的專家學者，並未立即得到學界的重視。

然而一般民眾的反應卻正好相反。一九七八年首本專書出版後，引起廣大迴響與支持，這些讀者多半也意識到同樣的問題，摸索過類似的方法。

之後，樸門的相關書籍陸續出版，並翻譯成各國語言，傳佈世界各地。澳洲的學校已將樸門永續設計列入教材，透過各國行政單位與國際非營利組織的努力，落實於世界各地。

在日本境內，一九九六年在神奈川縣津久井郡藤野町（現相模原市）設立「日本樸門永續設計中心（PCCJ）」，並於二〇〇五年正式轉型為非營利法人組織。透過建立樸門永續設計的範本、推出設計與實習課程，並策劃行程，出國觀摩樸門農園與生態村，目前PCCJ已成為日本樸門永續設計的據點，致力於思想啟蒙與具體實踐。

至今，比爾・莫利森等人所提倡的樸門永續設計，已漸漸在世界各地形成在地化的作法。

以PCCJ為基礎，讓我們一起來思考適合本地環境的樸門永續設計農法吧。

當樸門永續設計遍及全世界的想像圖。
目標是將世界轉化為食物森林。

2

理解樸門永續設計

掌握3大原則，10個關鍵字

3項基本原則
使地球生態更豐富

樸門永續設計基於3項原則，共有10個關鍵字，經整理後列入本書內容，可在建構菜園時作為參考。首先，請先試著理解3項原則代表的理念：

原則1 照顧地球

對於微生物、植物、動物等各種生物，與土、水、空氣等維繫生命的資源，都要多加考量，並實際付出行動，使地球的生態更豐富，為維持永續而努力。

原則2 照顧人類

必須意識到人類對地球造成的影響。除了滿足人類的基本需求，也要設法兼顧環保。

原則3 公平分享

不要獨佔自己擁有的資源，譬如食物、能源、資訊、技術等，要積極與他人分享。

這3項原則具備共同的重要思維：「在地球上自然產生出的東西，沒有一樣是無用的」。所有的生物，都會對其他生物有所貢獻。許多活動乍看之下似乎都是競爭與獵食；但從更長遠的角度來看，其實也是一種合作，能讓生命更豐富。

10個關鍵字
適用於各種氣候、文化與規模

接下來要介紹的10個關鍵字，可適用於各種氣

21 種構想 / 10 個關鍵字	01 螺旋菜園	02 正方型菜園	03 鑰匙孔型菜園	04 籬笆菜園	05 塔形菜園	06 陽台菜園	07 綠色簾幕	08 共生栽培	09 種植先驅植物等	10 生物資源	11 活動雞舍	12 利用蜂蜜	13 層積堆肥	14 瓦楞紙箱堆肥	15 蚯蚓堆肥	16 堆肥廁所	17 利用雨水與回收用水	18 庭池	19 溫室	20 露台	21 苗床
01 多樣性	●	●	●		○	●		●	●	●			●					●	○	○	
02 邊緣效應	●	○	●	●	○	○	○											●	○	○	
03 多功能性				●		●	●	○	●	●	●	●	●			●	●	●	●	●	
04 儲備重要資源												●	○	○	○	○	●	○	●	○	●
05 小規模集約系統	●	●	●	●	●	●	●	●	●	○	○		○					●	●	●	
06 有效率的能源計劃				○			●										●	●	●	●	
07 運用生物資源	○		○		●		●	●	●	●	●	●	●	●	●	●		●			
08 適當的配置	●	●	○	●	○	●	●	●		○		○		○	○	○	●	●	●	●	●
09 能量循環	●				●	●			●		●		●	●	●	●	●	●	●	●	○
10 加速自然變遷					●			○	●	○	●	●	●	●	●	●			●		●

10個關鍵字與21種構想（第2章內容）的對應關係。
有關聯的項目打○，關係特別深的項目打●記號。

候、文化與規模，對於維持永續、循環的農業生活是不可或缺的原理。具體來說，包含生物與環境、有效利用能源、對各項元素作適當的配置、進行危機管理等。

上述10個關鍵字與第2章要介紹的「樸門菜園的21種構想」，究竟有什麼樣的對應關係，已整理在上表，請大家參考。

譬如關鍵字「多樣性」，可讓作物結實更豐富且更健康。符合多樣性的菜園有「螺旋菜園」、「鑰匙孔型菜園」、「共生栽培」等各種形態。其中「螺旋菜園」又反映出「邊緣效應」、「小規模集約系統」等構想。

由此可見樸門菜園與各種關鍵字的關聯性；它兼具多層次、多目的觀點，比從單一角度進行的栽培方式更能達到永續的效果。

從下一頁開始，將逐一詳細介紹10個關鍵字。只要充份理解關鍵字的意義，就能順利建構樸門菜園，享受其中的樂趣。

關鍵字

1 多樣性

果樹園的共生栽培範例。最高的是橘子樹，中間種李子樹，矮木是藍莓，草地是苜蓿。然後再以雞鬆土，用雞糞製造堆肥。

以自給自足為目標 種植多種作物、組成同伴作物群落

將樸門永續設計提倡的「多種作物栽培」，和主流的「單一作物栽培」相比，若只要收成一種作物，單一種植較容易達到目標；但以全部收成量相比，多種作物栽培的總收穫量較多。

假設以「自給自足」為目標，種植多種作物，營養才能均衡；如果要販賣的話，還可視天候與市場供需調整出貨時間，降低作物受特定病蟲害侵襲的風險。

不過多樣性並不表示所有的作物都適合混種。要讓多種作物並存，首要條件是植物之間不會彼此干擾生長，還有互惠的效果。

可將主要的植物作為中心，周遭種植其他植物，互相協調形成組合菜園（參考83頁）。地面覆蓋的野生植物能保護果樹，像紫草（comfrey）能吸收磷等地下深處的養份、豐富土壤，萬壽菊可為蔬菜防治害蟲，形成互利的效果。

關鍵字 2

邊緣效應

圖中的池塘能充份發揮邊緣效應，
水與陸地交界處可培養各種生物，生態豐富。

利用資源豐富的生態交界處提高作物產量

兩種不同環境交接處，會形成豐富的生態系統，這就是「邊緣效應」。

比爾・莫利森年輕時因捕魚與打獵，發現在海洋與陸地邊緣的珊瑚礁與紅樹林生態特別豐富，因而領悟這個原理。本書也建議在家庭菜園製造不同環境的交界處，以提高作物產量。

實際建構農園或家庭菜園時，可設置池塘，製造水與土壤的邊界，形成地面高低落差的假山，或設置作物籬笆，隔離通道與菜園或菜園與樹林等，製造兩種不同環境的交界處。藉由把菜園設計成複雜的形狀、設置庭池等，形成可讓多種生物棲息的生態環境，就更適合栽培各種作物。

為了讓小型家庭菜園也能提高產量，可將假山做成螺旋狀，或打造鑰匙孔型菜園，增加更多的生態交會處。而大規模農園為了省力，必須將田地設計成簡單的形狀，否則效率不佳。

關鍵字

3 多功能性

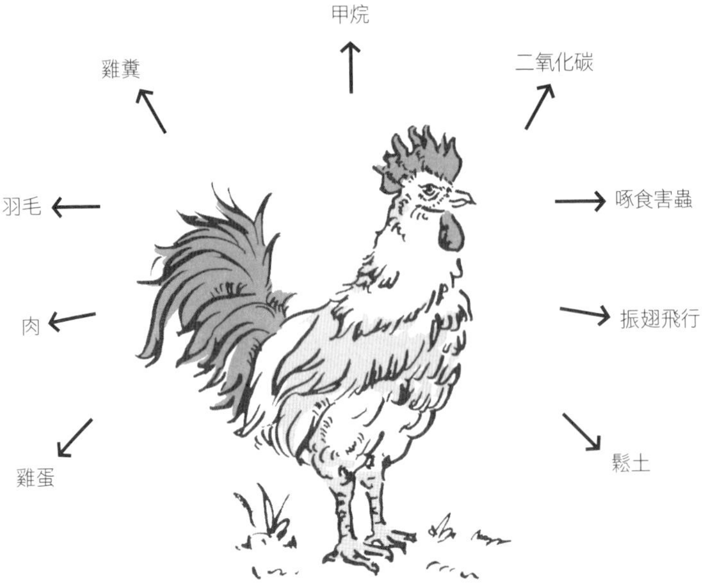

雞具備的各種功能。除了可供食用，
還可用來作衣服與日用品。雞糞還可當肥料。

菜園的一個元素具備三種以上功能

在配置農園與家庭菜園時，儘可能讓房屋、動植物發揮多種機能。

就像雞有多種用途：雞蛋與雞肉可食用，羽毛可製作衣服與寢具、雞毛撢子等日用品，雞糞可作為肥料，啄草時順便除草，用爪子扒地時可以鬆土，發揮各種功效。

另外，雞的體溫還可幫溫床保濕。只要安排得當，就可讓雞代勞各種農務。

就建築物來看，日本傳統不鋪地板的「土間」（參考141頁）或溫室，都有多種運用方式。可將這樣的空間安置在居家與菜園之間，用來準備耕種與加工收成，還能栽培苗床與作物。

另外，溫室在冬季會吸收太陽能，可作為天然的暖氣設備，讓起居室更溫暖。

栽培作物時，水源是不可或缺的條件。為確保水源充足，可利用各種方法，
譬如挖掘蓄水池、引入天然的池塘，採用深耕方式等。

關鍵字 4

儲備重要資源

以多種形式確保食物、水、能源等重要資源

關於食物、水、能源、防災物資等攸關性命的重要資源，只具備一種是不夠的，一定要採用多種途徑加以儲備。

譬如種植作物時，除了栽培適合當地生長的品種以外，也要種些耐乾旱、耐寒冷、能適應異常氣候的品種。

如果家中採用太陽能熱水器，為了因應陰天和雨天，也要設置燒柴薪的爐子，採用另一種方法加熱水溫。

平時，可多儲存雨水、回收家庭用水，作為防災應變措施；並準備與平時使用的不同能源，譬如液化石油氣（桶裝瓦斯），甚至裝置太陽能板蓄電。另外設立獨立的電力設備，不失為讓自己安心的辦法。

若以「自給自足」為目標，並想讓作物享有充足水源，可深耕田地，讓作物根部更容易吸收地底的水份。只要具備充足知識，就可達到與儲水相同的目的。

關鍵字 5

小規模集約系統

共享陽光與土壤養份的高樹、矮樹與草。
這些植物不僅是平面上的密集，也包括立體空間的充份運用。

充份利用時間、空間提升土地整體的使用效益

小規模集約系統正如字面上的意思，適合小規模農園或家庭菜園，土地整體的使用效益良好，而且只要有鏟子或鐮刀等工具，就能妥善管理。

從樸門永續設計的觀點來看，建議先從廚房後門口種植「集約式菜園」，再漸漸擴張；而且一開始就高密度種植作物，可防止雜草入侵，讓地表保持濕潤。

若想要採取立體化的集約式種植，除了利用棚架之外，可在一塊地混合種植高樹、矮樹與草，這是土地面積上的集約。

若是想要達到時間上的集約，可在地表同時種植多種作物，包括：讓土壤更肥沃的豆科植物、果樹苗、蔓性植物、可防風的樹木、覆蓋地表保護土壤的作物、一年生作物。如此一來，很快就能收成多種作物。

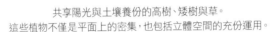

關鍵字
6
有效率的能源規劃

在高處建立儲水池，把水導向家與菜園，然後流到放牧場。
利用重力與地勢傾斜的自然原理。

以家作為起點 為動植物、建築物安排適當的位置

為了讓農務順利進行，應該視往返的頻率與耗費的勞力，決定建築物與菜園的位置，這點非常重要。樸門永續設計以「家」作為起點，設定為第0區，將每日必經的家庭菜園訂為第1區，雞舍擺在稍遠的第2區，果樹與不需要費力照料的穀物設在第3區，可管理樹木果實、野生植物、竹子、木材的鄰近山地是第4區，人類沒有介入的自然森林稱為第5區。

接下來則是依地形、氣象來設計菜園。譬如可把家當起點，確認哪些範圍在夏季和冬季有日照，什麼地方受強風吹拂，哪邊有想眺望的風景，或是有某個角度想避開。然後加上水力的考量，設置籬笆菜園或作物、池塘等。

最後在地勢高的地方設儲水池，把水導向低處，並設法讓土壤發揮特性。濕地可闢為水田或栽培水生植物；引水良好的地方或斜坡，可開墾為田地。

關鍵字
7
活用生物資源

可運用在除草、施肥、鬆土的三角形雞舍（參考95頁）。
藉由雞的多種功能，節省付出的勞力與成本。

充分利用生物資源
就可節約能源、減輕工作量

所謂的生物資源，就是藉由對人有用的動植物與微生物，進行各項工作；譬如提供柴薪等燃料與肥料、耕耘水田或菜園、防治害蟲、除草、防止土壤流失等。樸門永續設計為了節約能源與減輕工作量，採用下列生物資源：

肥料來源　豆科植物埋在地底的根瘤會儲存氮，如果在開花前剪去一些枝葉，會在地底排放出氮，有助於其他植物生長。

防治害蟲　蔥科的蔥或菊科的萬壽菊等植物，會分泌害蟲討厭的物質；若混種在田圃或果樹園可防治害蟲。另外，池邊聚集的青蛙，或設置鳥巢與飲水處引來的小鳥，可幫忙吃掉害蟲。

移動式籠舍　若將裝有雞與兔的籠子放在雜草生長的地面上，除了一邊吃草達到除草的效果，腳或喙會挖鬆土壤，排便可當作肥料。

關鍵字
8
適當的配置

在住家與家畜的籠舍間設置菜園。從家通往籠舍的路上，可收集零碎的蔬菜當飼料，回來時可將家畜的糞便當肥料，撒在菜園。

建立供需關係
讓家園中每一個要素發揮最大功能

為了讓家園中每一個要素都能發揮最大功能，設計時就要安排適當的位置。譬如家與菜園、家畜的籠舍與池塘的相對位置，可參考如下：

首先，菜園可安排在家與籠舍（飼養雞或兔子等）之間。如此一來，從家中通往籠舍途中，可收集零碎的蔬菜當飼料，回來時可將家畜的糞便當肥料，撒在菜園。其次，若在籠舍旁挖掘池塘，讓家畜的排泄落入池中，可培養浮游生物，形成魚飼料，產生食物鏈。另外，池裡會聚集各種水生動物與昆蟲，於是池邊會引來青蛙與蠑螈，甚至也會出現小鳥，形成豐富的生態。池裡的魚會吃孑孓、其他的水生動物、水草；魚類長大後，人類再吃魚，形成循環。

讓各元素保持協調、充份發揮作用的要訣，就是建立在彼此的供需關係上。這樣就能形成適當的配置。

關鍵字

9 能量循環

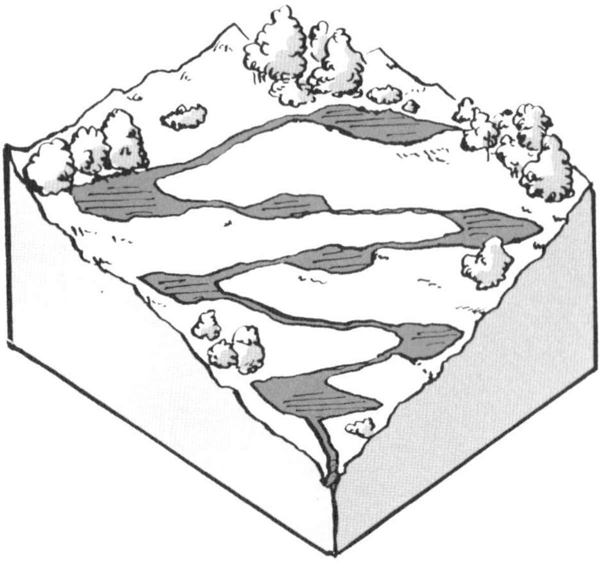

有效儲存水資源，並可重覆利用的水利設計。可利用的水量大於降雨量，即使雨量不多，也可充份利用水資源。

儲水堆肥、形成循環
有效重複利用自家附近的能量

時至今日，各種食材透過運輸系統在全世界運送、儲存、販賣，但這樣的現代流通系統，每天都必須消耗大量能源。

一方面，樸門永續設計希望能源或水、養份等不要外流，最好在一定範圍內循環。

譬如設計用水時，可在高處設置儲水池，讓水往下流動，中間可設置灌溉用水槽與防火用水槽、提供庭池用水等，充份利用。家庭排水也可利用植物或微生物形成的過濾系統，提供田圃灌溉等。將使用過的水淨化後，便能形成地下水或回歸河川，形成循環。

此外，還可利用動物的排泄物與家庭廚房產生的剩餘食材製作堆肥，培養土壤。落葉除了可覆蓋、保護作物的根部，也可製作層積堆肥（113頁），形成肥沃的土壤。

如上述，自家附近的能量將能有效重覆利用，這是很重要的原則。

關鍵字

10

加速自然變遷

在空地最早種植的先驅植物，可成為後續培育的植物的養份。在自然遷移的過程中，將各階段的植物混合種植，範圍包括先驅植物與最後階段的植物（頂極種），可加速遷移。

加速生態系的演變
豐富土壤、獲得穩定的收成

依照目前主要的耕種方式，為了高效率生產單一作物，使用大量農藥與化學肥料；然而，這也會擾亂生態。樸門永續設計採用下列方法加速自然變遷，可在短時間內形成生態系，培育多種作物。

1 利用現成的雜草 在作物結實前除草，製作層積堆肥鋪設在田間蔬菜與果樹四周，可讓環境更適合培育作物。

2 豐富土壤 初期種的豆科植物除了可食用外，對土壤有固氮作用，還可作為綠肥。當豆科植物的根部枯竭時，可提供土壤水份與空氣。此外，作成堆肥可增添有機質，豐富土壤養份。

3 混合種植各種植物，從先驅植物到頂極種都有 譬如可將洋槐等豆科植物、蘋果等果樹，與安定且高收成的頂極種植物混合種植。在頂極種植物中，若選擇種植錐栗屬樹木或槲樹等樹木，不僅對人類有益，對其他生物也很有用。混種的樹林不僅用途多樣，也長得比較快。

3

收成豐富又容易耕作

菜園設計的原理

你想將庭園的哪個部份闢為菜園呢？要如合安排家與菜園的位置？如果找到新的用地，從零開始打造房屋與菜園，可不是只憑日照來安排菜園的位置就足夠。

就樸門永續設計的立場，首先要以「有效率的能源計畫」為中心，根據「能量循環」、「適當的配置」等關鍵字，安排家與菜園、家畜籠舍最適當的位置。

先好好觀察周遭的環境，思考住家與菜園適合蓋在哪裡。譬如香草菜園在作菜時會派上用場，可建在廚房後門旁等。樸門永續設計主張依目的與功能，妥善安排位置。

依照樸門教導的方法，就有機會把庭園各地轉變為食物森林。

在動手設計菜園前，這裡先解說一些基本的配置原理。

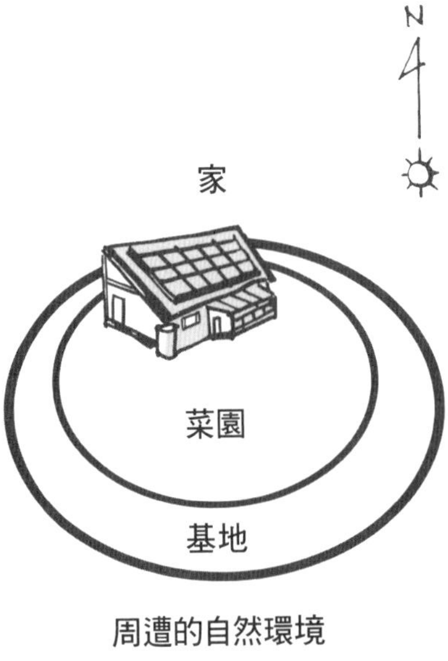

先觀察周遭的自然環境，妥善安排住家與菜園的位置。

多花些時間、實地觀察環境作好整體的安排配置

在建構農園與家庭菜園時，若急於一時，立刻開工，耕種後也無法達到預期的效果。設計時最好事先仔細實地觀察，描繪出腦中浮現的景像，並多詢問有經驗的人。

如前述，樸門永續設計根據往返一個場地的頻率，亦即人要花費的勞力，將土地分成6個區域，配置農園的各種元素，例如通道、家、菜園、植物、家畜等。

6個區域的分類原則如下，可配合次頁的插圖，觀察各區域適合安排的元素：

第0區　家，所有活動的中心。兼設保存庫、工具屋等。

第1區　住家周圍。最常使用、管理最頻繁的區域，包括曬衣場、螺旋菜園等家庭菜園、苗床、溫室、放置柴薪等燃料的倉庫、堆肥等。

第2區　這區安排需要照顧的動植物。譬如果樹園、防風樹、樹籬、棚架、池塘、籠舍（養雞或兔子等）等。

第3區　種植不需要修剪與放堆肥的果樹、飼養食用家畜（如牛或豬等）、設置主要作物的田圃與防風樹。

第4區　半野生區域，幾乎不太需要管理。這裡有牧場、木材，可採收堅果，並提供可作為燃料的樹木。

第5區　自然的野生區域。與人類的生活範圍（第0區～第1區）相隔最遠，可作為野生動物活動的迴廊，或提供擋風而獨立為1個區域。

以上是6個區域的概念。

但若自家緊鄰第5區的山林時，各區域的相對位置會有很多種變化。

另外，還必須配合關鍵字「有效率的能源規劃」項目說明，參考地形、氣候、地勢的坡度與高度、土質等各項條件來作規劃。

解說完如何在「用地」上設置家與菜園的原理後，接下來將介紹菜園的實際個案，並分析設計原理。

第5區
維持自然的區域。可作為野生動物的迴廊。
第1區
設置曬衣場、柴屋、溫床、家庭菜園、堆肥等
第3區
果樹園、主要作物的田圃、食用家畜（牛或豬）等
防火用水
第2區
設置防風樹籬、棚架、籠舍（養雞或兔子等）、穀物田、水田、果樹等
果樹園
造林區（提供木材與燃料）
第4區
半野生地區。牧場與造林區（杉木、檜木等）
牧場

區分用地的 6 個區域

防風林（常綠樹、錐栗屬或槲樹）
防風灌木叢（莓果類）
第 0 區＝家
儲水池
棚架
家庭菜園
雞舍
主要作物的田圃

將常去的地方，設置在家附近考慮日照、風向等因素

家庭菜園包括第1區與第2區的一部份。第1區將離家最近、每天都會經過的家庭菜園作為中心。

將出入頻繁的菜園配置在家的出入口附近，是樸門永續設計的基本原則。藉由這樣的設計，照顧菜園比較方便，也可得到豐富的收成。

接下來是考慮日照、風向等因素，並讓各要素都能妥善運作。如次頁圖所示，依照6個區域的規劃為設計原則，其中第1區與第2區的菜園可參考第2章介紹的21個構想。

設計菜園時，基本的優先順序如下：

1 規劃設計圖

包括家、車庫、種植的樹木等。與動線相關的出入口與通路也要畫入圖中。

2 列出預期建構的菜園要素

舉例而言，若想栽培多種作物，可選擇正方型菜園。想在小面積栽培根莖類作物，可嘗試塔型菜園。能活用道路空間的設計是籬笆菜園。除此之外，還有曬衣場及堆肥處等生活必需的場所，也都可以列出。

3 依環境條件設計家的樣貌

根據各種條件的影響作配置。譬如家屋的南側日照充足，可設溫室；北側陰涼，可設露台；家的西側可設綠色簾幕，夏季時可防暑。

4 配置適合放在邊界的元素

譬如在用地北方栽種常綠樹，可擋北風；在西側種植落葉樹可遮陽，夏日防西曬。

若想維持道路的景觀，避免讓雜草或小動物入侵，或想隔出與鄰家的邊界，可設置樹籬。若希望與鄰居保持良好關係，可於樹籬種植莓果類等賞心悅目的植物。

5 安排家的位置與較常往返的地點

除了考量往返的頻率，還要加上日照、風向、鄰近建築物的影子等因素，可將頻繁出入的場所，安排在住家附近。譬如把每天要處理的廚餘堆肥設在廚房附近，若是一個月僅往返數次的堆肥場，就安排在較遠處。

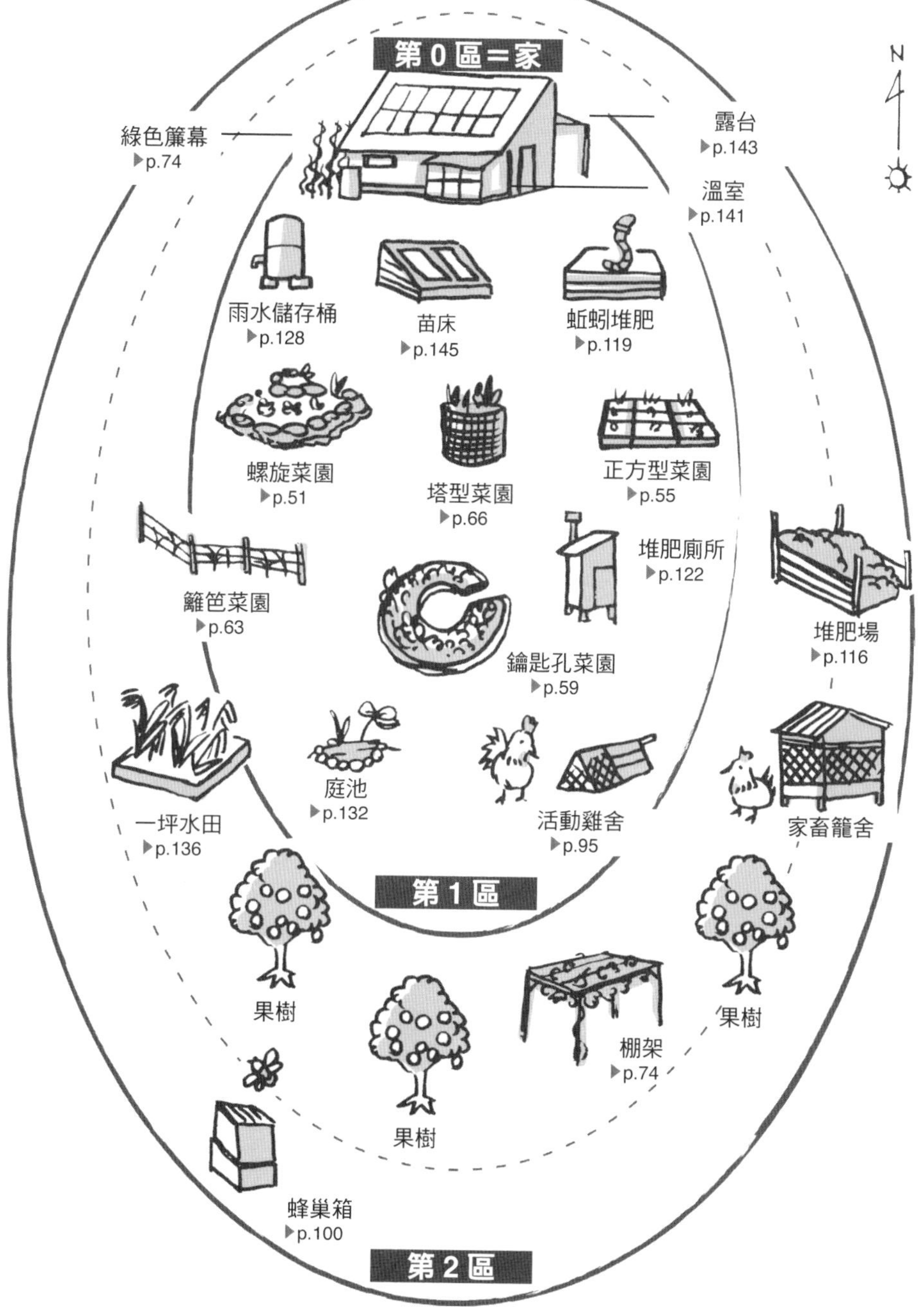

構成樸門文化菜園的各種元素分布圖。
將經常往返的場地設在離家近的地方，比較少經過的地方設在較遠的位置。
上圖將菜園設在住家南側的中心，但如果日照相當充裕，也可將菜園設在北側。

6 決定菜園的配置

將經常採收的作物安排在近處

譬如長時間內經常採收的香草植物、蔥等香辛料，以及蕃茄、茄子、小黃瓜等。

將需要花長時間收成的作物，設在較遠的地方

像玉黍薯、南瓜、洋蔥、馬鈴薯等1年收成1次的作物。

7 考量同伴作物栽培

以樸門永續設計的「共生栽培」（83頁）為基礎，少量混種不同品種的作物，可防治害蟲與連作障礙。

8 在狹窄的庭院設置立體菜園

在有限的耕地，可依照樸門永續設計「小規模集約系統」的原則，密集種植多品種作物。譬如採用螺旋菜園、鑰匙孔型菜園，利用棚架讓菜園立體化，或利用通道旁栽培多種作物。

下圖是一般住家的平面圖，有房屋與庭院，南側是道路。在日照充足的地方種草坪，看起來很美，但這樣的庭院無法生產作物。

若依照樸門永續設計的基本原理，讓各種要素配置在適當的地方，讓住家與庭院各處變成食物森林，成果會像次頁平面圖。

除了充份利用日照充裕的南側院子，像車庫或北邊的廚房後門口，也都完全不浪費，這正是樸門永續設計的魅力。

Before 改造前的庭院

草坪雖然很美，但無法提供收成。

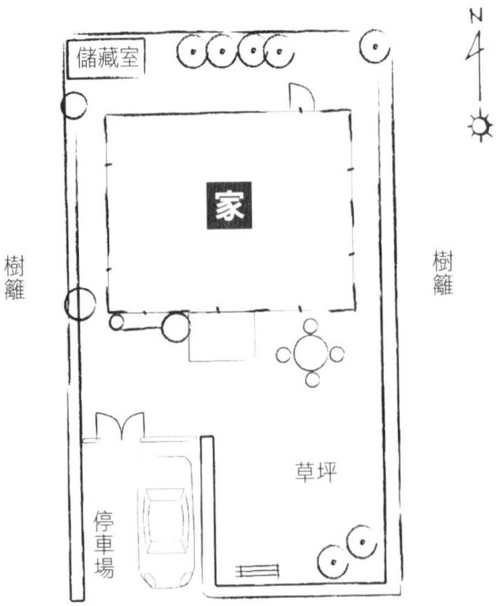

After 將郊區住宅改造為樸門菜園的示意圖

將住家與院子化為食物森林，大幅提高作物產量。

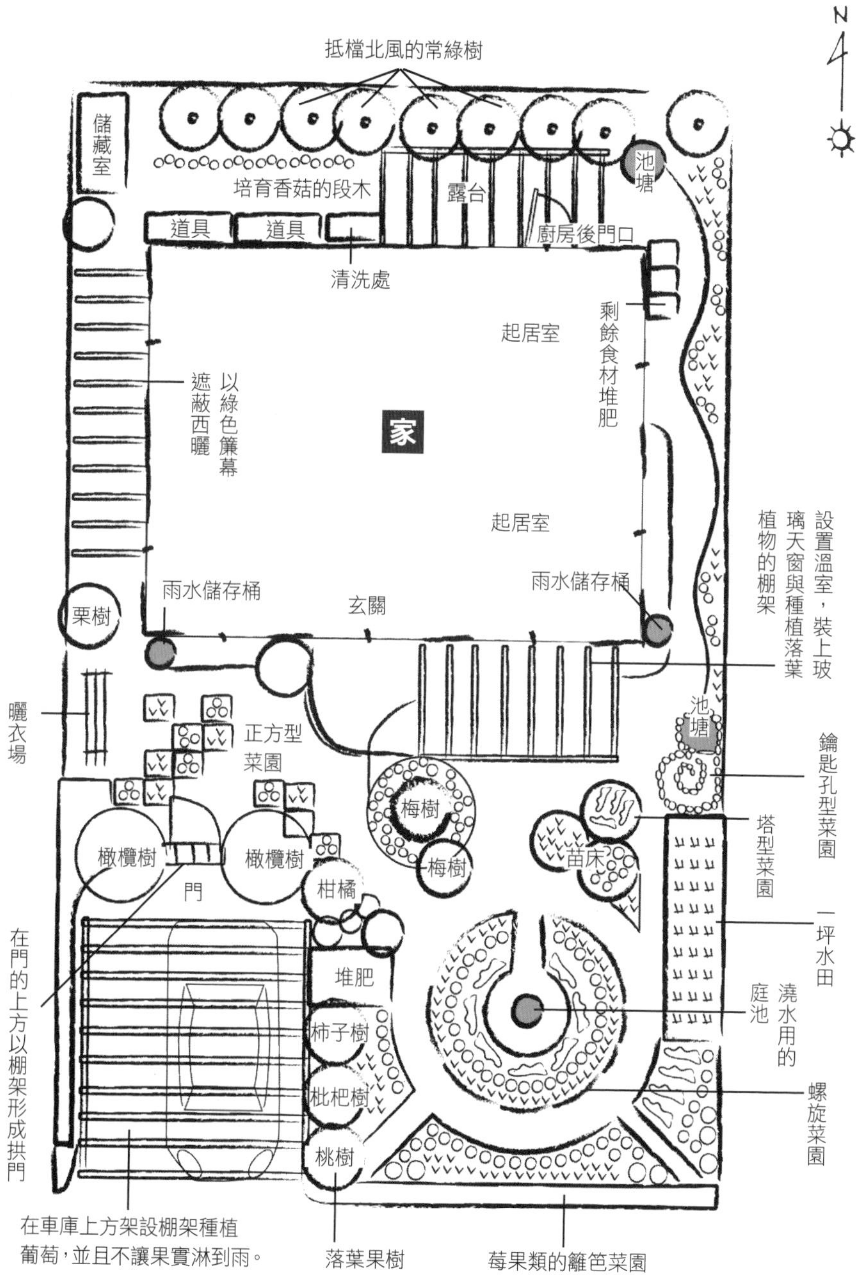

4

自己動手打造

樸門農園、家庭菜園的耕作實例

在農村與都市中
都能創造出新型態的農耕生活

在第1章的第1節介紹了樸門永續設計的由來，其中所參考的永續農業，來源也包括日本。

過去的日本採用循環型的集約農業，以人的排泄物作為肥料，在土地上形成循環；並在田畝上搭設棚架，讓栽種立體化，充份利用有限的空間。

之後，為了增加食物產量、提高農畜產的生產力，採用化學肥料與大量農藥的「單一作物栽培」成為世界主流，傳統耕作方式似乎也隨之淘汰。

為了讓傳統農法能夠傳承下去，以永續生活為目標的樸門永續設計於是誕生。

目前引進日本的樸門永續設計，將傳統農法重新介紹給大家，這應該會喚醒沉睡已久的文化基因，並自然而然地滲透到我們的心靈與生活吧。

接下來，在瞭解樸門永續設計的原理之後，要介紹兩個家庭的耕作實例，他們經過摸索之後，已創造出新型態的農耕生活。

其中一個家庭在南伊豆的農村經營菜園，以「自給自足」為前提，也透過網路販售蔬菜、提供健康的食材。另一個家庭在都市公寓中，為了維護自己的健康與推動環保，已持續栽培菜園達十年以上。

在這兩個背景與規模完全不同的菜園中，卻能發現共通的樸門永續設計原理與構想。

透過參考不同環境與其他家庭自創的措施，將能啟發靈感，讓你也能創造出符合自家環境與條件的家庭菜園。

在農村，建立自給自足的樸門農園

靜岡縣・自然保育農園

從都市移居鄉下 展開全新的田園生活

南伊豆受山海環繞，終年氣候溫暖，適合提供觀光休閒與田園生活，許多民眾都很喜歡這裡。自鐵路終點站「下田」往南行，在當地的聚落中，就會看到自然保育農園。

現今種稻的農家已日漸減少，但橫田淳平夫婦卻與反其道而行，移居到南伊豆，帶著女兒過生活，並採用樸門永續設計農法來耕作。先生負責耕種，太太除了加工食品與撰寫食譜以外，也是當地的助產婦。

夫婦倆分別出生自埼玉縣與神奈川縣，兩人的家庭背景都與農業完全無關。

自從某次造訪南伊豆之後，橫田夫婦就喜歡上這個地方，決定遷居到這裡。由於鄉下房子不多，一直找不到可租的房子。努力尋找後，經介紹終於找到現在的居所，這是一棟屋齡超過一百五十年的古民宅。

橫田先生自東京農業大學國際農業開發學科畢業後，正式接觸到樸門永續設計。當時他前往紐西蘭的彩虹谷農場研習兩個月，據說那裡是全世界最美的樸門農園，「只要你到了那裡，就會明白什麼是樸門永續設計。」

他在大學時代學習過有機農法，接觸到樸門永續設計後，深感其中的魅力，因為除了農業之外，樸門視野還擴及建築、能源、地域經濟、社區等各領域。

為了建構像彩虹谷農場那樣的農園，橫田回日本後住在有機農家實習一年；為了修習木匠技術，又投入修復古民宅專家的門下兩年。在南伊豆的住家附近，有幾所他自己蓋的小屋，工法就是在當時學到的。

充份運用南伊豆的資源、能源
90％食材自給自足

橫田家的食材目前有90％是自己種的，收成後的小麥委託製麵廠作成麵條，飲食生活相當充實。他先以自給自足為目標，在不勉強的狀況下慢慢擴大事業。樸門永續設計的目標也包括將生活與工作融合，取得平衡。

現在就讓我們觀察一下：橫田家採用「合鴨農法」、以產米為主的自然保育農園，究竟與樸門永續設計的配置有什麼共通點。

首先家屋設在林間一角，並設有鴨舍。為了避免陽光直射鴨舍，外牆種植蔓性植物形成綠色簾幕，並聚集家中屋頂的雨水，作為合鴨的飲用水。山邊有竹林生長，可供農作使用，資源唾手可得，非常方便。

橫田家採用舊式的廁所，將糞尿取出後放在附近堆肥場，與稻殼混合後經發酵、分解成為堆肥。在日照充足的戶外堆肥場，由於充份發酵，不會散發臭味。

在家的南邊，隔著道路對面設置了一個塑膠布棚架，放置腳踏式溫床（148頁）培育種苗。

在離家約1公里外的南方山區，每到秋季就會有大量落葉開始堆積，將落葉收集後帶回，經發酵、分解後可作成堆肥或苗床的床土，等於也順便清掃了山路。

在住家附近，共有二千四百坪（約7920平方公尺）的水田與一千五百坪（約4950平方公尺）的田圃零星散布各處。

橫田目前進行的計劃是：從離家5公里遠的海岸收集大量海藻，利用雨水沖洗掉鹽份後製作堆肥。海藻在生長時吸收了從山中流出的養份，變為肥料後又再度回歸土壤，可說是相當大規模的「能量循環」。

在印象中，樸門永續設計的農場似乎都由廣大連續的土地構成，整塊地都是農園；對照農地零星散布各地的日本實地狀況，像橫田家利用農地與當地天然資源的作法，可說是相當務實合理的日本版樸門永續設計。

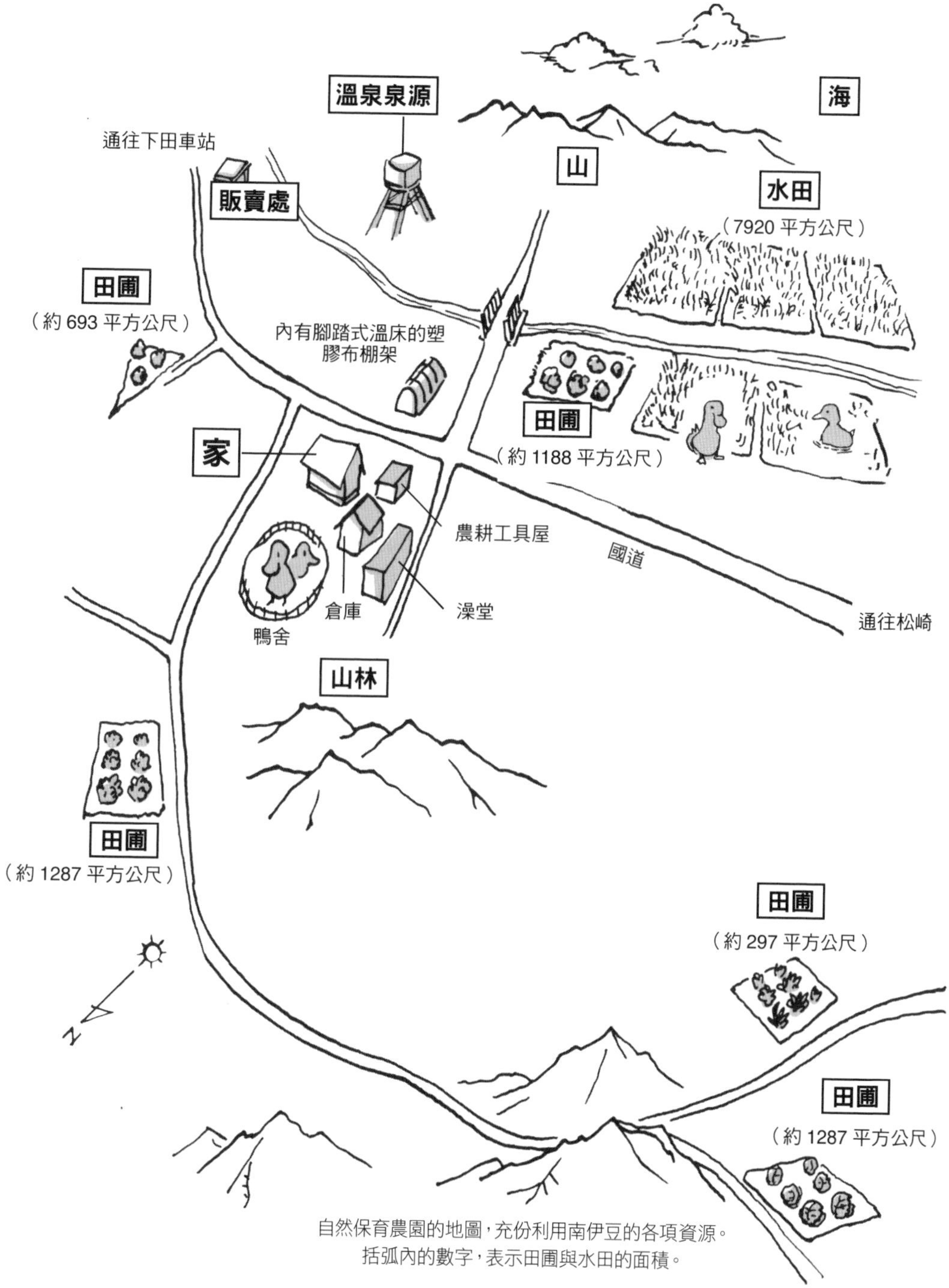

自然保育農園的地圖，充份利用南伊豆的各項資源。
括弧內的數字，表示田圃與水田的面積。

掌握原理、發揮創意
以合鴨、腳踏式溫床、利用溫泉為重點

「合鴨農法」，是在水田中放養合鴨，鴨子吃掉妨礙稻子生長的雜草，藉以取代人力除草，同時讓鴨糞作為稻田的肥料。藉由合鴨划水可增加水中的氧氣，鴨蹼鬆土可抑制雜草生長，避免遮住陽光。

合鴨農法符合樸門永續設計的關鍵字「多功能性」與「利用生物資源」，可說是日本在地樸門農法相當具有代表性的例子。

自然保育農園採用的腳踏式溫床，採用自己釘製的木框，加入從山中收集來的落葉與自家稻米的穀殼，雞糞則聯合當地農家向附近的放養雞場合購；同時實驗性的添加新開發的微生物科技，淋上雨水後再用腳踩實。

經過一週之後，溫床中的落葉溫度會上升至攝氏70度左右。利用溫度，冬天可讓種子發芽、培育種苗，為春夏的蔬菜種植預作準備。苗床中使用過的腐葉土，翌年還可作為床土再利用。

這可說是實踐「利用生物資源」、「能量循環」的日本版樸門永續設計。

說起樸門永續設計，還有一項不可漏掉的資源，就是南伊豆特有的溫泉。

在田畝一隅有天然溫泉，泉源噴出的熱水達十公尺高，利用高低的落差引水至一百公尺外的浴場。這個作法充份運用自然資源，在從前浴場本有其他用途，現在居民則利用浴槽為稻種除菌，進行熱水處理。目前因農家減少，整個地區不再一起作熱水處理，所以橫田家是用水桶汲取溫泉水，在家裡以火加熱泉水後為稻種消毒。

以上種種作法既活用自然能量，又沿續傳統技術；這要歸功於橫田先生充份領悟樸門永續設計的原理與構想。

農業活動無法違背自然而行，要如何獲得食材持續生存下去，的確是個值得認真思考的問題，也因此而產生各種各樣的創意。

合鴨農法讓鴨子啄食野草，
並利用鴨糞作肥料。

由落葉、米糠、雞
糞等材料混合而成
的腳踏式溫床。

利用溫泉進行熱水
處理，為稻種消毒。

在都市，享受四季耕種的樂趣

兵庫縣・4次元的集約式菜園

在都市公寓中種菜
掌握基本原則，訂下年度計劃

有位屋主（以下簡稱為E）在兵庫縣高級住宅區的公寓裡，已栽種蔬菜十年以上，享受著四季更迭的樂趣。E曾為異位性皮膚炎深感困擾，從以前就渴望吃自己種的有機蔬菜，但在都市裡上班，很難找到適合的環境。後來好不容易找到目前居住的公寓，附有庭院。

搬家後，為了學習有機栽培，E每週末都往返於農家。同時在附近的地方生協、自己動手作的用品店購買腐葉土等材料，慢慢在自己的庭園添加土壤。

雖然土質無法一下子就變好，但是陸續從有機栽培農家的租賃農園攜帶種苗回家，移植後土壤似乎漸漸也跟著改善。原來種苗附著有機栽培的土壤，對菜園的土質很有幫助。

E在這段過程中，深深體會到「培育土壤」是家庭菜園的重要基礎。

正好這時E也接觸到樸門永續設計，因此明白培育土壤不能操之過急，要持續進行；也發現設計的精髓在於掌握基本原則，訂下計劃。

經過十年以上的光陰，E培育出非常豐富的多樣化家庭菜園。

屋簷前的花盆種植蔓性植物，在土壤中插入竹枝，架設網子讓植物攀爬。在夏季時可遮陽，並調節通風與室溫。

這片綠色簾幕幫助E落實環保生活，在夏天時不需要開冷氣，通常只要開電風扇就夠了。

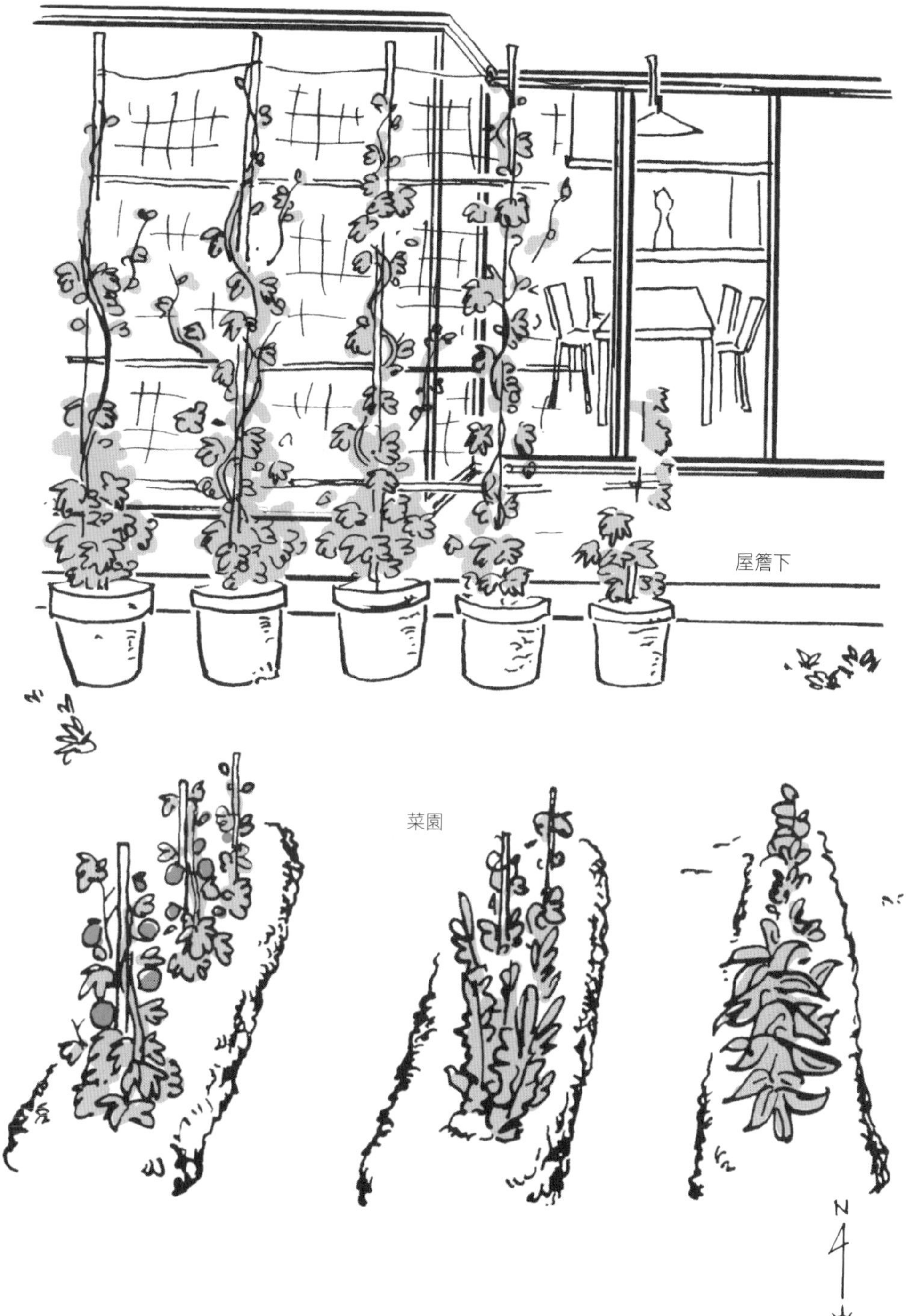

配置良好的住家、簷下的庭院菜園。菜園寬6公尺，縱長5公尺。
在菜園與住家之間種植綠色簾幕，夏季時可為室內降溫。

另外，因為想從餐廳欣賞菜園，所以在6列作物的最前端種植低矮的百里香，匍匐靠近地面，靠近後方再漸漸種植較高的作物。栽培香草植物不僅可防蟲，還可依照各種香草植物的花序與顏色等安排，形成五彩繽紛的效果。

菜園不僅設計美觀，E自從攝取自家栽培的蔬菜，異位性皮膚炎造成的發癢症狀完全消失，生活快樂又自在。

E曾在有機栽培農家見習三年，認真學習基本作法。由於對家庭菜園的領域特別熱衷，E也曾經思考，家庭菜園與租貸式農園種植的作物，應該有什麼區別。

E的結論是：像葉菜類或蕃茄這類蔬菜，收成後馬上就該吃，除了比較可口，也能攝取較多維他命，或是像鴨兒芹、蔥等鮮度與香氣密不可分的香辛類作物，最好在自家栽培。

但反觀像馬鈴薯、紅蘿蔔、洋蔥等這類作物，收成後即使稍微儲存一段時間，風味與營養價值還不至於流失，而且可用低價購買到有機栽培作物，就沒必要一定要種在家庭菜園，耗費自己寶貴的時間。

以香草植物環繞蔬菜 形成4次元的集約式菜園

E的菜園獨特之處，在於充份運用空間。6列田圃中間種植蔬菜，周遭環繞著香草植物，也搭配蔥、韮菜等具有防蟲效果的香辛類作物。香草植物能避免土壤崩塌，而且為了讓它們生長的更茂盛，可自行修剪枝葉。修剪下來的枝葉可放在田圃中，或是放在田間（通道）上當作堆肥，散發出的香味仍有防蟲效果。在培育土壤方面，E利用剩餘食材作堆肥，種植紫草等綠肥，也利用收成後剩餘的蔬菜與拔下的野草等素材。

通道間的距離約40公分，有些狹窄，這是因為儘可能增加栽培的蔬菜品種所致。此外，E還利用竹環、麻繩固定竹枝，立體式栽培西瓜與南瓜，充份運用空間。

E的栽培特色是經常進行移植。例如栽培種苗後進行移植，一種蔬菜收成後就移植其他蔬菜，植物要是長得不好就改種別的種苗；在時間與空間上都是高密度栽培，可稱之為「4次元集約式菜園」。

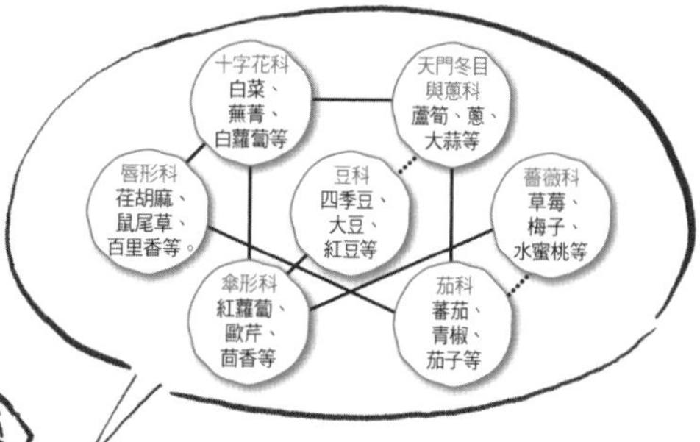

共生栽培的植物關係圖

以香草植物環繞蔬菜，立體式栽培西瓜與南瓜，
種植不到一年就進行輪作，形成 4 次元的集約式菜園。

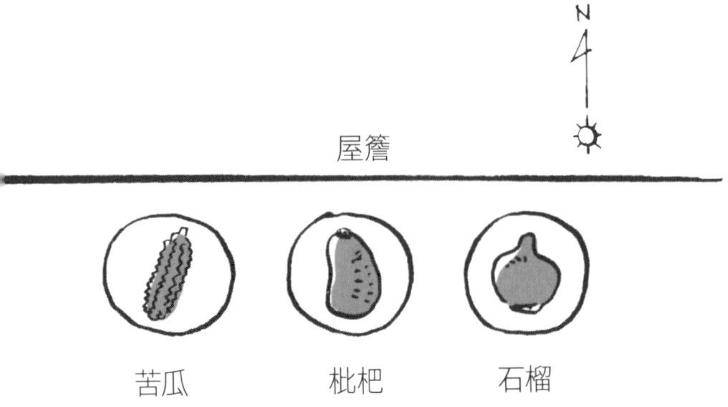

- 這個組合對於剛建立菜園的第一年，難度有點太高。至少要先經營 3 年，如果慢慢進行，大概要花 10 年培養土壤，製造適合蚯蚓與微生物生存的環境。
- 為了避免傷害蔬菜根部，除雜草時不需鏟除根部，只需割除草葉並加入堆肥。多年生野草的根若還留著，日後生長的葉子都可以用來作堆肥。
- 圖中的配置，是為了避免發生連作障礙。種植在旁的鄰近作物，有些其實不是很適合。但因已經過 10 年持續培養土壤，所以都能順利生長。
- 本圖省略實際菜園中的部份香草植物。

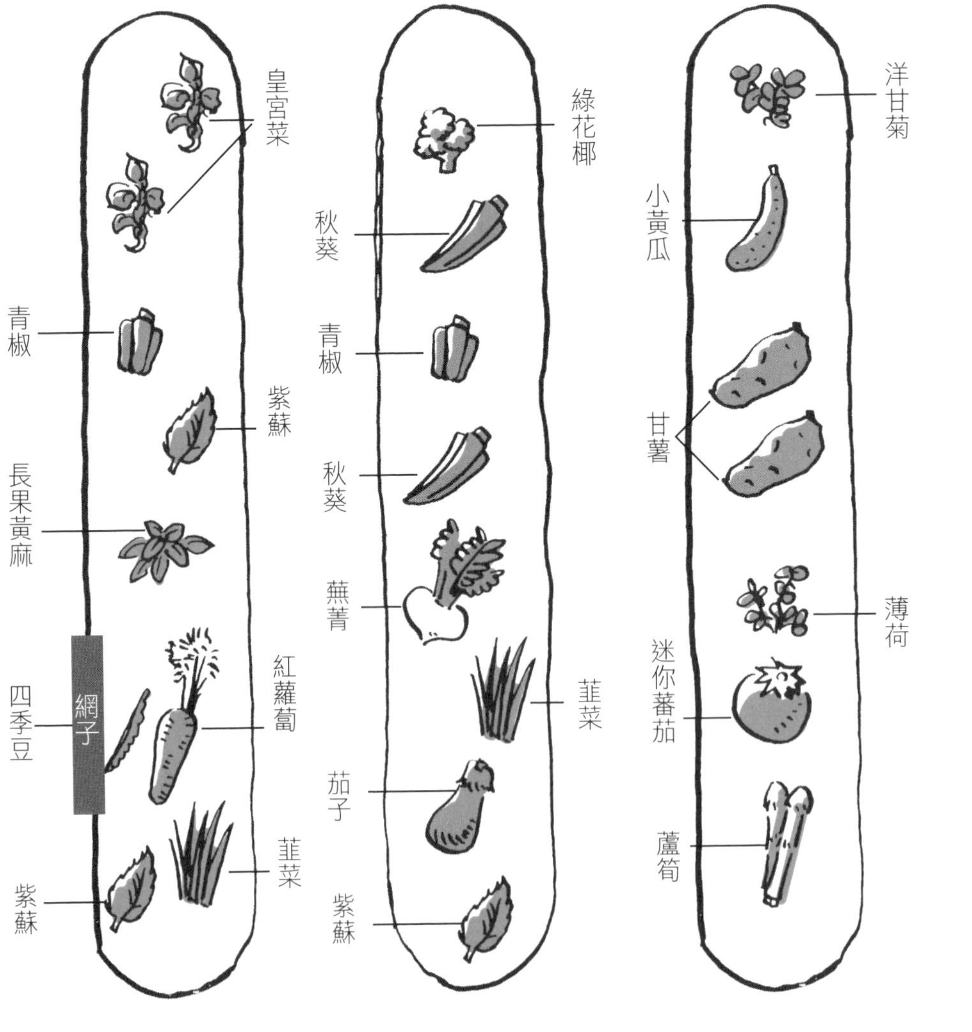

某一年間的家庭菜園設計圖

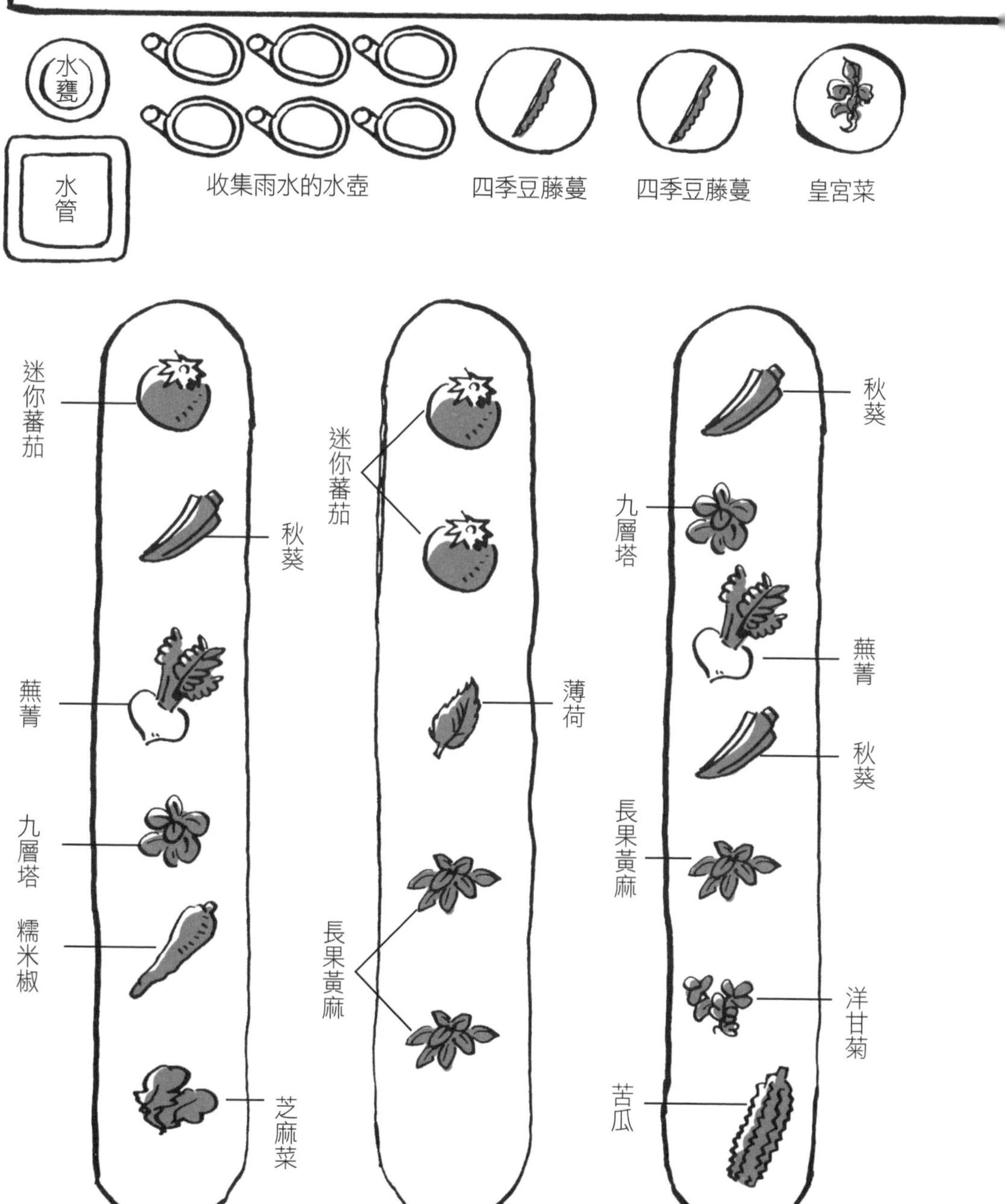

每年初春定下栽種計畫 以想吃的蔬菜為中心，栽培多種作物

E栽培家庭菜園的概念是「一整年種植少量多品種的蔬菜，享受各種菜色」，另外，「吃不膩」也是維持家庭菜園的秘訣。若要實現這個想法，樸門永續設計是最適合的方法。

若要一整年持續種植少量多品種的作物，首要的問題是「連作障礙」。

E參考了樸門永續設計講座提供的「共生栽培」資料（各種植物的特性，詳86頁），每年初春訂下栽種計劃，以夏季盛產的蔬菜為主，在筆記本描繪計畫表（如前頁）。

首先考量在6列田圃間要種些什麼，以自己想吃的蔬菜為中心，把蔬菜的象徵圖畫在筆計本的設計圖上。這時要回溯過去三年間的記錄，切忌在同一列土地上種植同一科的蔬菜。萬一非重覆不可的時候，選擇像茼蒿、南瓜、甘薯、菠菜、白蘿蔔等作物，比較不會導致連作障礙。若是種植後葉子的顏色不對勁，或生長緩慢時，要趁早移植，改將適合的蔬菜種在一起，經常調整、改善。

E在進行菜園工作時，一定都會參考設計筆記與植物特性一覽表。E的菜園在進行到第三年時，開始達到穩定的狀況。E對於初學者提供的建議是：在第一年不要求栽培成功，先以培養土壤為基礎。

在都市住宅區，享受種菜的祕密武器

由於住家位於高級住宅區，E在院子種菜的舉動讓有些鄰居覺得納悶：「為什麼要自己種菜？用買的不是更划算？」而讓這些鄰居取得共識的關鍵，在於香草植物開的花；因為一般人所理解的園藝就是種花，所以香草植物是很有說服力的秘密武器。

在住宅區種菜，一定要特別注意堆肥的狀況，不要讓蟲類滋生飛到鄰家。

E的家雖然有院子，但仍屬於一般公寓，所以E謹守公寓規定，不在院子增加其他設施，安然享受著種菜的樂趣。透過E的方法，可將小庭園化為菜園，也能應用在獨棟住宅。

第2章

樸門永續設計菜園的21個構想

第 1 章說明了樸門永續設計的基本原則，接下來第 2 章要介紹採用樸門設計的 21 種菜園構想。

可先從小型菜園開始，即使以務農為本業，也能在工作之餘照顧菜園；接下來再朝生物資源活用及培養土壤等方向進行。基本上，都是依照樸門基本原則實踐的技術。

請各位試著以樸門永續設計的角度，重新檢視自家周圍環境，譬如日照或土地面積的大小等，並融入可實踐的構想。

1

邁向自給自足的生活

融入生活風格的7種特色菜園

在本單元，將介紹7種各具特色的菜園，可具體實踐樸門菜園的理念。

這幾種菜園的共通點是：可增添生活樂趣，而且很容易達成。

與大量栽培一種作物的「單一種植」不同，這裡介紹的家庭菜園遵循樸門永續設計的重要關鍵字「多樣性」、「小規模集約系統」，種植多種作物。因此，家中的餐桌將呈現多彩多姿的蔬菜種類，飲食生活也因此而變得更豐富。

藉由栽培菜園，每天接近土壤、植物與昆蟲，心情會變得更愉快，這也是另一種魅力。除了採收帶來的成就感，也會因為創造出與自然交流的場所，令人感受到喜悅。

樸門菜園不只提供樂趣，也幫助人們朝「自給自足」的生活方式向前踏出一步。

為了讓入門者能比較容易達成，這裡也介紹了綠色簾幕，可借助植物的力量實行節能生活。

若有讀者打算遷入新居，或計劃大幅改造庭園，這些例子都可作為參考指標，將自己的生活風格融入其中。

請各位考量自家庭院的坪數及環境條件、想栽培的作物，選擇適合的菜園種類。如果能照個人喜好，搭配數種菜園一起種植，將能得到加倍的生活樂趣。

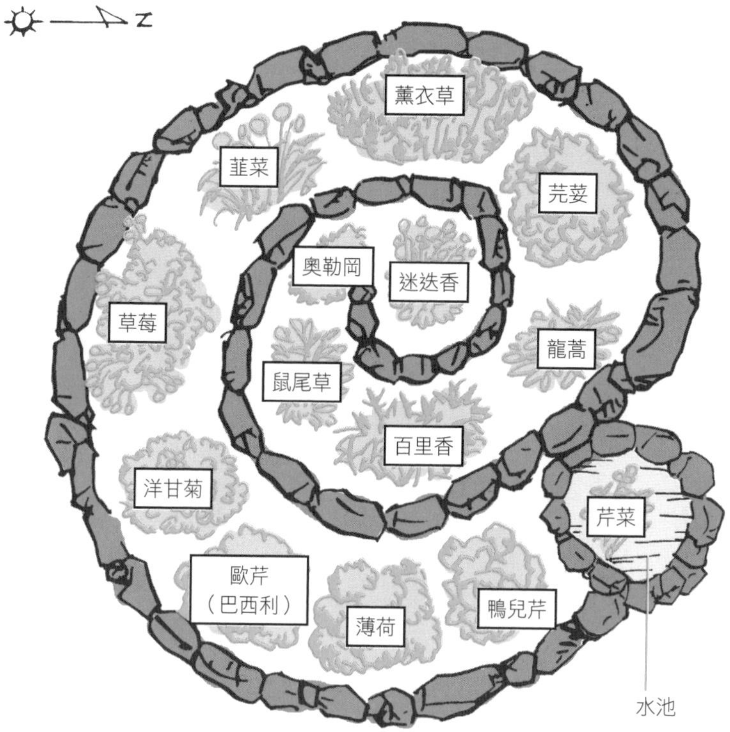

01

螺旋菜園

廚房外的香草園

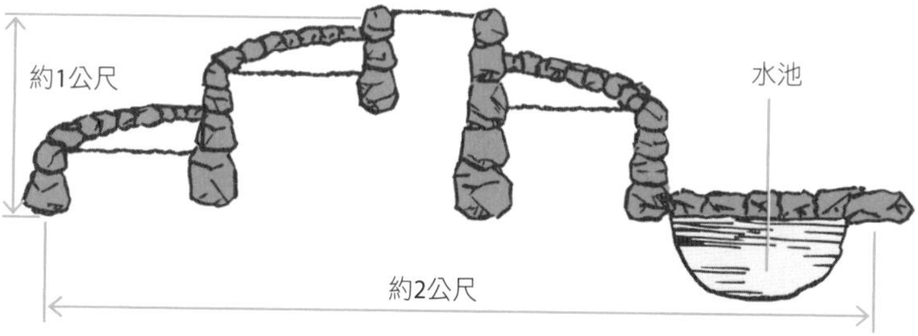

以石塊堆砌而成的螺旋菜園設計圖。基本上是利用天然石材的蓄熱效果與耐久性。水池還可利用舊輪胎加以改造（詳132頁）。

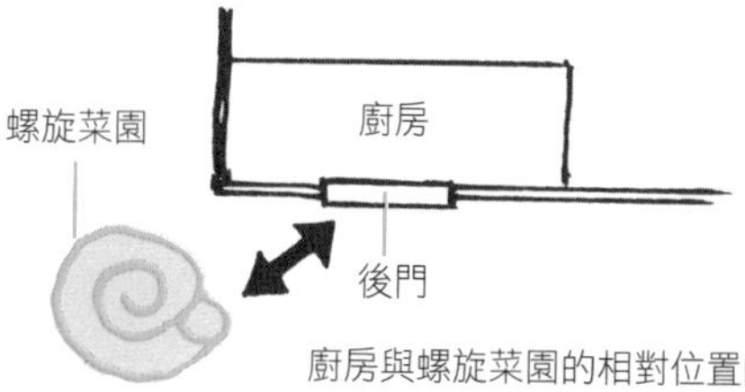

廚房與螺旋菜園的相對位置圖。
儘可能將螺旋菜園安排在廚房門口附近。

在自家院子
就可採收新鮮的香草植物

如果想將樸門的理念落實在家庭菜園，其中最容易實踐的方式之一，就是廚房外的螺旋菜園。

譬如作菜時最後想灑點歐芹或是薄荷，雖然自家院子有種，但是離後門有點距離，外面又正在下雨……冒雨去摘很麻煩，結果還是沒加佐料就直接上菜了。

如果在後門旁就有個小菜園，種植好幾種香草植物，是不是比較方便呢？只要一想到，隨時都可以摘取新鮮的香料入菜。

像這樣一週內可能會摘取數次的香草植物，最適合種植在住家旁邊。

這正呼應了樸門文化的關鍵字「適當的配置」。栽種多種香料也符合「多樣性」的原則，高效率運用狹小的土地與「小規模集約系統」理念相同。如果旁邊再設個水池，更符合「邊緣效應」，可形成豐富的生態系統。

依日照、溼度、地勢打造微氣象
栽培多種香草作物

若想在廚房外建菜園，建議採用螺旋形。在這樣的配置中，不僅土壤排水順暢、通風良好；隨著地勢高低不同，日照與空氣濕度也有所變化，因此能種植多種適合不同氣候條件的香草植物。

由於重力會使水分下移，所以高處的土壤較乾燥，低處的土壤比較濕潤。只要掌握這個基本特性，就知道哪裡適合種植什麼作物。由於日本的氣候較潮濕，許多香草植物不易成功種植，但只要闢出螺旋型園圃，即使像迷迭香或百里香等適合乾燥土壤的香草，也能栽培成功。

螺旋型園圃首先利用石塊堆砌出輪廓。除了合乎樸門永續設計的基本原則——使用可回歸自然的素材，也充分利用石材的蓄熱性。日照與陰涼、乾燥與潮濕，加上石頭會蓄熱等因素，將產生局部的微小環境差異，稱作「微氣象」。螺旋型香草園正是利用這種特質，以集約的方式栽培多種作物。

以木樁圍出的螺旋菜園

日照	蔬菜種類
需要充分陽光照射	西瓜、蕃茄、茄子、青椒、地瓜、豇豆、秋葵
僅需一些日曬	小黃瓜、南瓜、哈蜜瓜、生薑、小芋頭、蘿蔔、紅蘿蔔
需要光線，但避免強光直射	草莓、蔬菜類、蔥類、蠶豆、豌豆、白菜、包心菜
僅需些微光照	芹菜、鴨兒芹、蕨類、款冬、萵苣、茗荷、菇類
適合陰涼處	磨菇、白化栽培作物（例如當歸、豆芽）

根據 NPO 非營利組織「日本樸門永續設計中心提供資料製表

各種蔬菜需要的日照

螺旋菜園的材料與大小

首先用石塊堆砌出底部直徑約2公尺，縱深約1公尺的螺旋型園地。如果可利用範圍實在很小，至少也要有直徑1公尺，縱深50公分的空間。

為了利於排水，可儘量選擇較大的石塊。其間的縫隙以小石頭、土壤、灰泥填滿、固定，讓石塊不會倒塌。

如果附近沒有石材，倒不必非設法運到石頭不可，只要利用周遭容易得到的素材即可。譬如用木頭或竹子圍出形狀，但木頭與竹子容易腐壞，必須定期更換。外框圍成後，再填入腐葉土。

另外，還可在螺旋菜園的末端挖洞，利用舊輪胎或防水布設置小池（參考132頁）。除了可種植芹菜、西洋菜、菱角之外，還可聚集青蛙等生物，不僅成為害蟲的天敵，還可達到維持生物多樣性的效果。如果在戶外有水龍頭，也可以在旁設置螺旋菜園，在清洗耕種用具等物品後，可將用過的水引入池中。

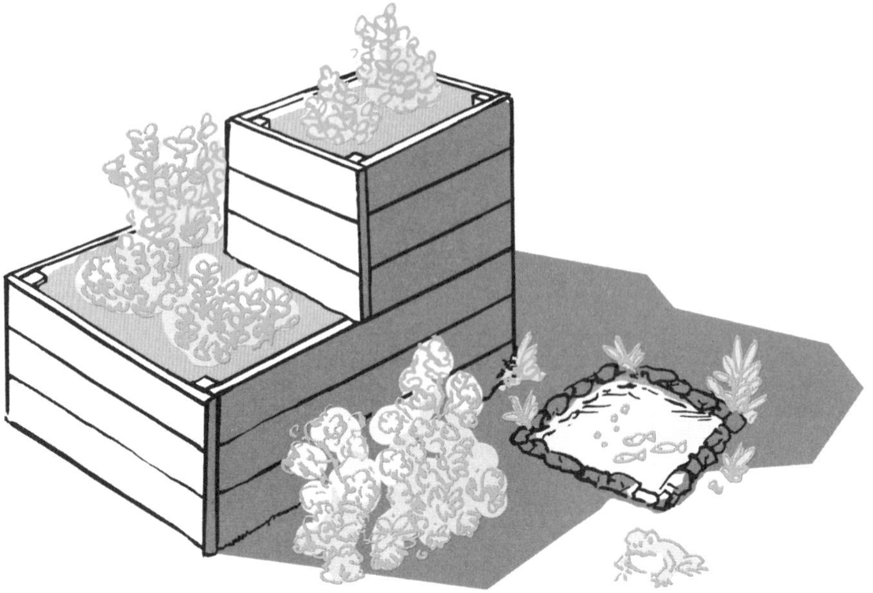

依照螺旋菜園的原理，應用為階梯菜園。上方種植適合乾燥的香草，
靠近池塘的地方就種需要濕氣的植物。

栽種方法

以多年生香草植物為中心

螺旋菜園的特徵，是隨著位置不同，濕氣與日照條件也會跟著改變。因此可利用這個特性選擇栽種植物。

原則上可選則不需要更替的多年生香草植物為主。若是像生薑這類要挖掘根部的作物，因為可能會損害到矮石牆，還是儘量避免。

如果在日照充足又乾燥的地方，適合種植百里香、鼠尾草、迷迭香等香草。若在潮濕陰涼的位置，可栽種薄荷、歐芹、蝦夷蔥、芫荽、鴨兒芹等綠葉植物。

此外，也有一種栽種方式叫「矮石牆草莓」，就是利用石頭的蓄熱性，在矮牆南側栽培草莓。

種植香草植物時，在種類上要稍加留意，像薰衣草等長得頗高的植物會遮陽，所以要安排在北側。

如果空間不足無法建造螺旋菜園，或是較容易找到木材的狀況下，建議可搭造如上圖般較小型的階梯菜園。

02

正方型菜園

生菜沙拉自己種

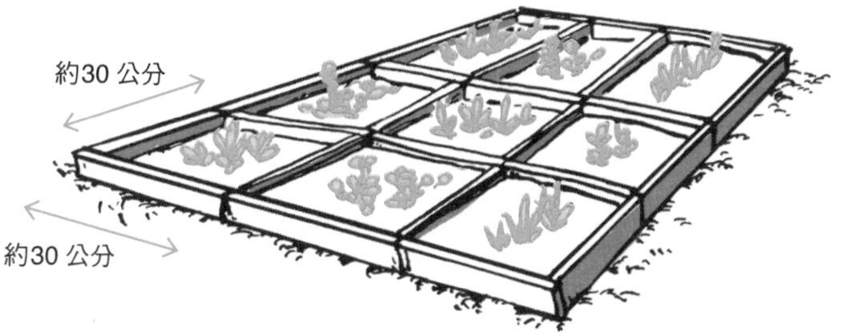

以30公分的正方型為單位，用 3*3 的形式排列出九宮格。
菜園與地面同高，以木板區隔空間。為防止根部過度延展、鄰株互相干擾生長，地下的部份一樣以木板或木樁區隔。

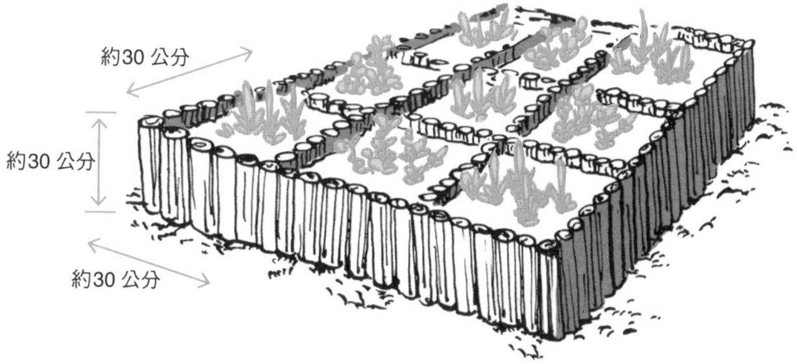

高於地面約30公分的正方型菜園

將最常食用的蔬菜種在住宅旁

與廚房外的香草園原理相同，如果將烹飪常用的蔬菜就近種在住家旁，摘取時會非常方便。譬如栽培做生菜沙拉的葉菜或迷你蕃茄，就可以隨時吃到新鮮蔬菜。

正方型菜園的特色是規劃為9個不同區塊，可種植9種不同蔬菜。

除了符合樸門永續設計的理念：「多樣性」、「小規模集約系統」，也沿續前述「適當的配置」考量，就設置在自家旁邊。

如果以營養學的角度來看，與其只攝取一種蔬菜，不如進食多種及多樣化的蔬菜，對身體更有益處。此外，若同時培育各種作物，菜園的景觀也會更賞心悅目。

正方型菜園的位置，不一定要像螺旋菜園靠近廚房門外，只要儘可能離家近些即可。除了容易照顧，需要食材時也可迅速採收。

隔出3塊、分成9格區塊就可種出多種蔬菜

以1平方公尺的農地為例，如果不加以區隔，很容易只種單一作物。但如果縱橫各隔出3塊，全部分成9格，使用者自然就會想栽種不同種類的蔬菜。促進「多樣性」栽培，就是正方型菜園的特色。

設置菜園時，人從外側伸手能及的距離約40～45公分，因此，1格大約是30公分*30公分的正方型，依此區分為9格（3*3格）。

如果每格的大小超過這個範圍，或是增加為每邊4格的16區塊，就會有伸手不及的部份，照顧作物時反而造成困擾。

反之，如果想培育更多種蔬菜，把每格縮小到30公分以下，由於空間太狹窄，也會增加許多困難。

首先可以從不需要頻繁澆水、較少發生病蟲害的作物開始嘗試。如果把容易竄高的植物種在外側，可能會擋到正中間的區塊，這點還請多加留意。

比較容易種植的蔬菜種類範例。
儘可能讓作物擁有適當的日照，較高大的植物適合種在北側。

9個區塊建議種植的蔬菜

如果菜園本身的土壤夠肥沃，只要照55頁上圖，在地面直接圍出各30公分長的正方型即可。

假設土質不夠好，可以照55頁下圖，堆土至30公分的高度，圍成菜園。為了不讓土壤崩塌，四周勢必要用木板、木樁或竹子等天然素材架設藩籬。如果要種植像白蘿蔔之類的根莖類植物，園圃的高度尤其重要。

由於在9塊格子裡種植各種不同的蔬菜，為了防止根部延展至其他區塊，在地表下也要用木頭或木樁隔間，深度約30公分。

在正方型菜園裡，沒有規定非得種哪些蔬菜。如果想挑比較好種的蔬菜，像長果黃麻或空心菜都是不錯的選擇。若想製作生菜沙拉，可以種迷你蕃茄、櫻桃蘿蔔之類。其他像芥菜、紅芥菜、綠芥菜、茼蒿等葉菜也很適合。

❶櫻桃蘿蔔（十字花科） ❷小黃瓜（葫蘆科） ❸無藤四季豆（豆科） ❹馬鈴薯（茄科）	❶小黃瓜（葫蘆科） ❷無藤四季豆（豆科） ❸馬鈴薯（茄科） ❹櫻桃蘿蔔（十字花科））	❶無藤四季豆（豆科） ❷馬鈴薯（茄科） ❸櫻桃蘿蔔（十字花科） ❹小黃瓜（葫蘆科）
❶迷你蕃茄（茄科） ❷秋葵（錦葵科） ❸紅葉萵苣（菊科） ❹毛豆（豆科）	❶❷❸❹ 韮菜（蔥科） ＊多年生草本植物	❶馬鈴薯（茄科） ❷櫻桃蘿蔔（十字花科）） ❸小黃瓜（葫蘆科） ❹無藤四季豆（豆科）
❶毛豆（豆科） ❷迷你蕃茄（茄科） ❸秋葵（錦葵科） ❹紅葉萵苣（菊科）	❶紅葉萵苣（菊科） ❷毛豆（豆科） ❸迷你蕃茄（茄科） ❹毛豆（豆科）	❶秋葵（錦葵科） ❷紅葉萵苣（菊科） ❸毛豆（豆科） ❹迷你蕃茄（茄科）

❶…第 1 年
❷…第 2 年
❸…第 3 年
❹…第 4 年

為避免發生連作障礙，採用輪作制。上表為參考範例。
如果在正中央的區塊種植多年生草本，就不必每年更換作物，會輕鬆許多。

避免連作障礙，不要在同一區塊持續種植同一種作物

先預先計劃好，準備種植哪些蔬菜。在筆記本上畫出9格，填入蔬菜種類的組合。可利用共生栽種（詳83頁）的原理，將適合的植物種在附近。

種植蔬菜時要注意因為「連作」產生的問題，也就是如果一直在同樣的地方持續種植同一種蔬菜，將會影響生長。尤其是蕃茄或茄子等茄科類植物，特別容易發生這個問題。

因此，為了避免在同一區塊持續種植茄科植物，翌年必須改變作物的位置。像這樣每年更換作物的農法叫「輪作」。為了讓輪作順利進行，在數年前就要先規劃好作物的種類與輪作順序。

在播種與移植時的確須要澆水，但除了這兩個時期，請注意不要澆過量的水。有時土壤表面看起來是乾的，但中間很可能仍然潮濕，足以維持到下次降雨前。

03

鑰匙孔型菜園

依手臂的長度設計，輕鬆施作

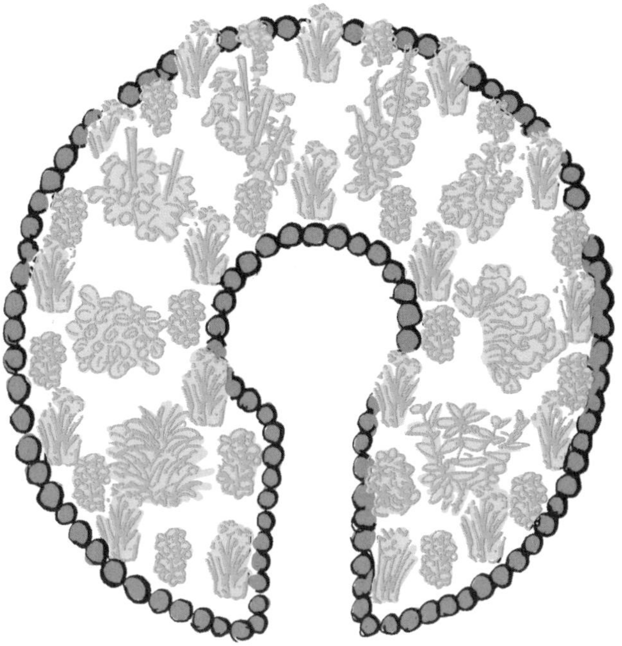

鑰匙孔型菜園的基本型

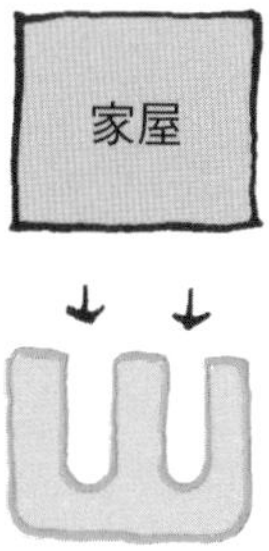

利用鑰匙孔型菜園的特性，配合狹小的四方型庭院，轉變為 E 形菜園。

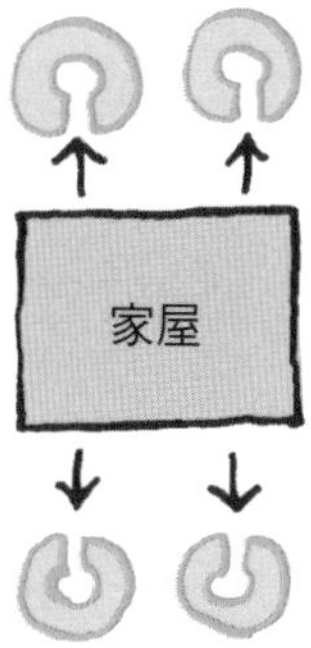

鑰匙孔型菜園的出口以朝向住家、並且便於通行為原則。

鑰匙孔型的正中央就是工作的區域

在自家附近只要有3平方公尺的地，就可以設置鑰匙孔型菜園。如果範圍夠廣，甚至能安排好幾個鑰匙孔菜園。位置倒不必比照廚房外的螺旋菜園，無須緊鄰住家。

「鑰匙孔型」的名稱由來，是在圓形的菜園中間，留下鎖孔型的工作空間。只要進入這個區域，不論要種植幼苗或採收作物，都非常方便。另外，從菜園外側不論要進行哪邊的作業，都伸手可及，非常方便。

因此，栽種作物的田地，不會因反覆走過而被壓實，也不太需要人為的維護，較接近自然的土壤狀態。工作時不會不小心踩到農作物。

此外，如果將風雨吹來的落葉累積在鎖孔附近，可提供土壤養份；也可能達到樸門永續設計所重視的「邊緣效應」。

配合地形與面積改造成Ｅ、Ｆ、Ｍ、Ｗ字母型的菜園

鑰匙孔型菜園正如上述，是相當便於栽培的一種類型。

重點是不需要在廣大範圍來回移動，不論從哪個角度都能伸手施耕。只要符合這兩項原則，菜園可改造成各種形狀，只要不會有雙手構不到的地方就可以。

如果地形不適合開闢鑰匙孔型菜園，也可以配合實際狀況，自行設計容易耕種的園地。

譬如庭院是狹小的四方型，就不必堅持開闢圓形的鎖孔型菜園。可像前頁下方的左圖，配合地形，改造成Ｅ形或Ｆ、Ｍ、Ｗ字母型的菜園，不僅便於耕作，也能充份利用土地。

鑰匙孔型菜園最好像前頁下的右圖，方便從家門或通道進入鎖孔型的工作空間，離家不遠且便於作業。

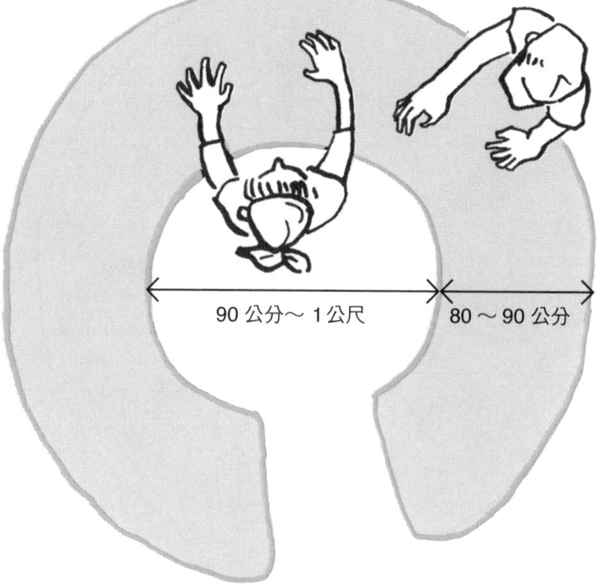

圖為鑰匙孔型菜園的基本規格。
不論從內側或外側都能輕鬆伸手至園圃中央，非常方便。

利用特定的植物將菜園、工作區域劃分開來

鑰匙孔型菜園可分為：增加新的土壤，與利用原地的土壤兩種形式。

如果原有的土質是黏土，植物的根難以施展，可從地面堆積30公分高的土壤。為防止土壤崩塌，可用石頭、木頭、竹子等自然素材圍起。不過木頭跟竹子容易腐爛，要定期更換。

若利用原地的土壤耕種，就要花點心思，把菜園跟工作區域劃分開來。

譬如會匍匐至地面的普列薄荷（Pennyroyal），在某種程度上還算耐踩，如果種在工作區可作為記號。薄荷的香味令人感到舒服，防蟲效果也不錯。

另外，本來在秋季才種植的燕麥，如果提早在春夏播種，可達到「活地被植物」的效果。如果在工作區種植燕麥，可防止雜草生長，在夏季因炎熱而自然枯竭，可作為肥料。這原本是在廣袤的田野採用的農法，但也可以應用在家庭菜園。

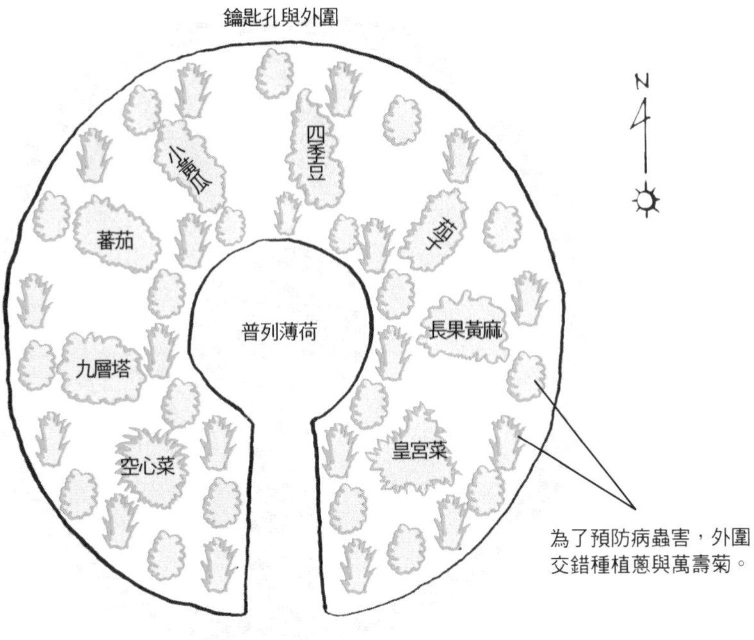

鑰匙孔型菜園的作物的配置圖。菜園周遭的工作區如果種植普列薄荷或燕麥，不但可作為區別，還可預防土壤崩解。

考慮日照、溼度，採共生栽培留意連作障礙

與之前介紹的菜園相同，鑰匙孔型菜園也依循樸門永續設計的關鍵字「多樣性」，種植多種蔬菜。這時，以日照為考量選擇種植的作物。譬如長得較高的蔬菜會擋光，就要安排在北側。在日照充足的南側，可種植低矮的包心菜或萵苣等。不過在夏天蟲類容易繁殖，最好不要種包心菜或小松菜。

適合夏季的作物包括：小黃瓜、蕃茄、茄子、四季豆、長果黃麻、空心菜。在作物外圍可種植蔥或萬壽菊，依「共生栽培」的原理，並避免病蟲害發生。

如果把土壤堆成像魚板一樣的半圓形，中間的高處會偏乾燥，較低的邊緣水份較多，也要考量到這些因素選擇作物。

如果將好幾種蔬菜種在附近，除了依照共生栽培的原理，讓適合的植物相鄰，也要留意「連作障礙」的可能。

04

籬笆菜園

生氣盎然的美味小徑

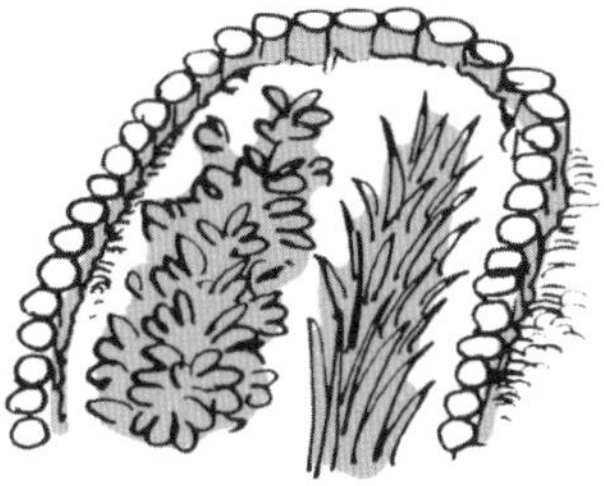

在住家通往菜園的路旁搭築籬笆菜園，一側種植覆盆子與朝鮮薊，另一側種植蘆筍和小芋頭，就成了生意盎然的美味小徑。

配置與用途

離家近、易照料又可欣賞田園景致

與螺旋菜園、正方型菜園相同，籬笆菜園可選在離家近且容易照料的地方。

由於就在每天走過的路徑旁，自然會看到作物生長的狀況，也很容易掌握收獲的時機；就算發現有病蟲害等意外，也馬上可以處理，具備了各項容易照顧的條件。

而且還可以在路徑末端養雞或其他家畜，把籬笆菜園的菜屑當作飼料，回家路上也能順便將雞糞作為菜園的肥料。

如果地處路旁這樣的位置，從外側很容易看到，適合種植賞心悅目的農作物。這樣一來，除了自家人以外，來訪的客人也可以欣賞田園風的景致。

籬笆菜園符合樸門永續設計「適當的配置」、「多功能性」、「小規模集約系統」的理念，並將之實際轉化為菜園的形式。

如何建造菜園

種植多年生的莓果類好吃又好看、每年可採收

如果要考慮籬笆菜園栽培的作物，莓果類是最值得推薦的選擇。每年都可以摘取果實，而且屬於多年生植物，栽種上比較不費力。花和果實都很可愛，也很適合觀賞。

譬如日本原生種懸鉤子，像楓葉莓（黃莓）與蝦殼莓的果實都很好吃，如果要作甜點，可選擇覆盆子或黑莓。可架設柵欄或鐵絲讓它們攀附。

如果小徑旁原本就有柵欄，可直接利用，或者用木頭或竹子自製。可從身邊容易入手的木材中，挑選較不易腐爛的。譬如日本扁柏優於杉木，日本花柏又比日本扁柏更好些；在同樣的木材中，樹幹中心略帶紅色的心材，耐腐性會比靠近樹皮的邊材強。

或者以木樁代替柵欄，架設鐵絲讓莓果攀爬也可以。如果考慮到收成的便利性，可將高度設在1公尺到伸手可及的範圍。

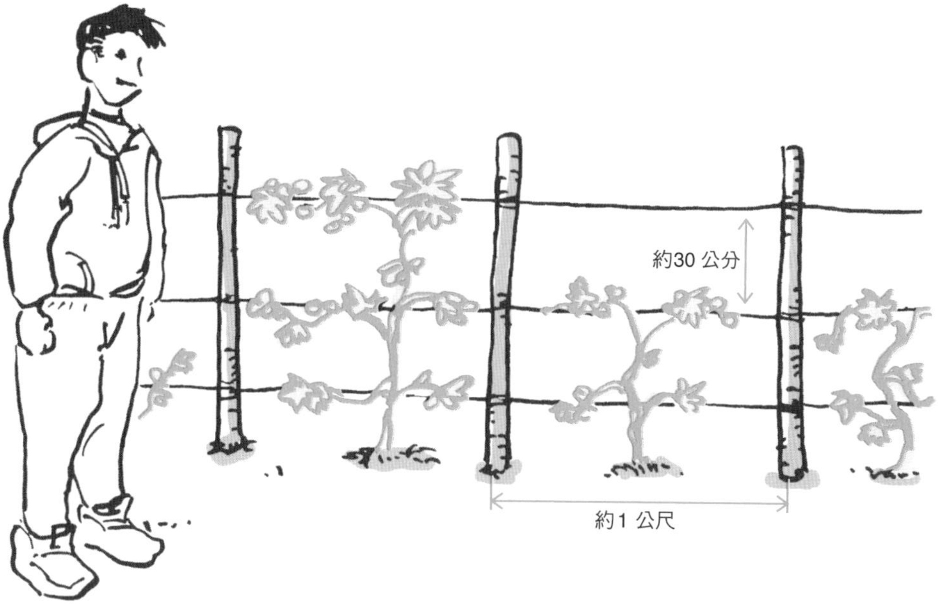

走道旁的覆盆子柵欄。約每隔1公尺立下木樁，
間隔30公分的高度圍上鐵絲，藉此固定覆盆子的枝幹。

將美好的景致、果實與鄰居分享

通往庭園的小徑，很容易不經意映入眼簾。因此設計要比一般的菜園更加注重視覺效果。

除了莓果類之外，也適合種植朝鮮薊或蘆筍。朝鮮薊的花蕾與蘆筍不僅可食用，而且相當賞心悅目。此外，小芋頭的大型葉片很漂亮，形成的陰影可避免土地過於乾燥，對於生物多樣性也有貢獻，具有多種效用。

地面與其保持裸露，不如以層積（詳113頁）的方式施肥，為了看起來較醒目，可在上方鋪好木屑。在小徑上鋪灑木屑，不僅雨天時可防止道路變得泥濘，還能抑制野草生長、美化景觀，達到一舉數得的效果。需要木屑，可試著向各地方政府索取修剪行道樹後的廢棄木料，或是向園藝公司購買。

如果通道旁是鄰家的柵欄，在設立新的籬笆時要多加考慮。譬如鄰家要是有幼兒，最好避免栽種有刺的莓果植物。

05

塔型菜園

根莖蔬果的樂園

在狹窄、貧瘠的土地也能種出多種蔬菜

假設可使用的土地面積很小，不適合前幾種菜園；或是土質不佳，仍希望栽培多種作物，這時，塔型菜園就可以派上用場。

塔型菜園正符合樸門永續設計「小規模集約系統」的理念，直徑約1公尺的小型菜園，只要設置在自家附近，效果就跟正方形菜園一樣，可就近採收蔬菜，非常方便。

在樸門永續設計的概念中，如何有效利用狹窄的空間，發揮最大效益，是相當重要的原則。

塔型菜園在設計上，方便從周圍伸手整理，大小剛剛好。此外，與鑰匙孔型菜園相比，塔型菜園的土壤較深，正好適合種植根莖類蔬菜。

視空間大小多擺幾個設置在日照充足的地方

如果空間不足，可以只安置一個塔型菜園；要是空間充裕，可擺放多個。規模完全由自己決定。假設家中有3個塔型菜園，就足夠供應3人份的生菜沙拉。

在建造塔型菜園時，最先放置的是經分解、發酵的廚餘，蔬菜的殘枝落葉，家畜的糞便等，這些都可作為堆肥，讓土地充滿養份。

圓筒中的土壤肥沃，澆水或維護也都很簡單，唯一要注意的只有日照。只要將塔型菜園設置在日照充足的地方，幾乎就不必費什麼工夫。可一邊觀賞植物生長的過程，收成後改種其他作物，持續維持多種作物的栽培。

住家（廚房）與螺旋菜園、塔型菜園的位置關係圖。
經常要採收的沙拉菜葉可安排在住家旁，不需要照顧的根莖類可種在較遠處。

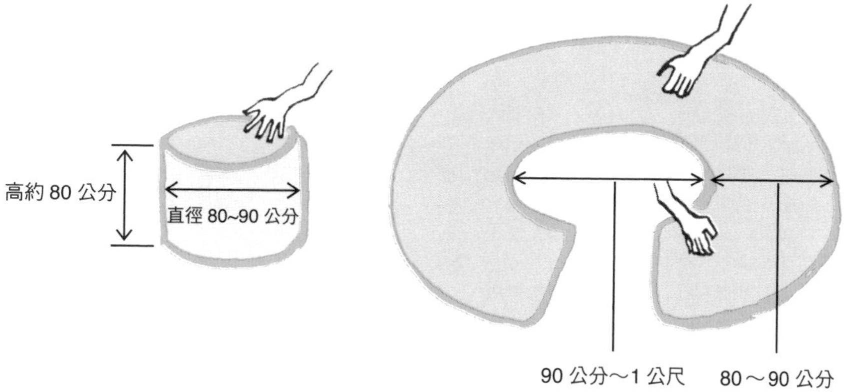

鑰匙孔型菜園（右）與塔型菜園（左）的規格比較。
從鑰匙孔菜園的內外側都能伸手至園圃間，
但塔型菜園只能從外圍照料，是最小規模的一種菜園。

2

1

1　挖掘直徑 80~90 公分，深約 20 公分的洞穴。
2　立下 4~6 根木樁，用塑膠網或鐵絲網固定圓筒的形狀。

善用堆肥，與土壤交互堆積鋪設肥沃的苗床

設置塔型菜園，可採用硬度高、耐紫外線照射的家庭園藝用塑膠網或圍籬用的鐵絲網製作外圍，中間填入土壤。

1 挖掘直徑80～90公分的洞穴，大約手可接觸到圓心地帶即可。洞穴的深度約20公分，挖出來的土可先放在一旁，並把洞內的土掘鬆。

2 在洞穴內側打下4～6根木樁，以1公尺高的塑膠網或鐵絲網圍成圓筒型，並加入土壤固定位置。如果沒有塑膠網或鐵絲網，以竹藤編成的網子也可以。如果怕土漏出來，可用自然素材如稻稈或椰子製成的細網，鋪設在內側。

3 在圓筒中，利用發酵、分解的廚餘與菜梗、落葉等素材形成堆肥（詳118頁），與剛挖出的土壤交互堆積，其中也可以加入雞糞或牛糞、石灰等肥料，層層累積。

4 持續堆土到網子的上方，在最上層鋪設較細的土壤後，即可完成。

3　以堆肥、落葉、雞糞、土壤層層堆積。
4　在最上層鋪上細土，就大功告成了。也可以採用木樁或木板、防鳥網，組成四角柱形的塔型菜園。

以十字劃分為4等分種植4種蔬菜

塔型菜園並沒有規定要種植什麼蔬菜。與其他園圃相比，由於比地面高出80公分，適合種植白蘿蔔、馬鈴薯、紅蘿蔔之類的根莖類作物。

與目前介紹的各種菜園相同，塔型菜園也符合樸門永續設計「多樣性」、「小規模集約系統」的理念，種植多種蔬菜。

如果以十字劃分圓形，可將塔型菜園分為4等份，種植4種蔬菜。記得把特別低矮的蔬菜種植在外側，若旁邊種植較高的植物，會擋到中央的部份，難以照料。此外，請注意別讓低矮的蔬菜被其他作物的陰影遮住，最好在種植前就妥善規劃完全。

若把生長迅速的蔬菜與生長緩慢的蔬菜搭配種植，先收成部份作物之後，其他的作物仍可繼續生長，不妨試作這樣的安排。

塔型菜園與正方型菜園、鑰匙孔型菜園相同，利用「共生栽培」的原理（詳83頁），並注意避免造成「連作障礙」。

06 陽台菜園

最小空間的最大收穫

種菜、堆肥都可在陽台完成

即使住在集合住宅如公寓，只要善用陽台空間，也可以建立符合樸門永續設計理念的家庭菜園。只要有陽台菜園，作菜時需要新鮮蔬菜或香草隨時可以採收，也可以趁家事的空檔照料菜園，這正符合「適當的配置」。

同時可以將廚房產生的廚餘移到陽台作為堆肥，在複合空間中，仍可實現「能量循環」的主張。

在有限的空間，利用花槽或花盆種植多種作物，則與「小規模集約系統」、「多樣性」相符。

除了陽台以外，在日照良好的窗台垂吊小盆香草等植物也不錯。

以立體方式陳列花槽確保植物有充足的陽光

陽台菜園與屋外的菜園不同，有些地方需要特別注意。由於日照容易被遮住，花槽或花盆最好以階段式排列，以確保植物有充足的陽光。由於地方狹窄，配置時要預留工作空間。

注意不要妨礙到洗曬衣物、室內的通風與採光，不可擋到緊急逃生出口，或分離式冷氣的出風口。也要小心別讓陽台菜園滲出的土壤與落葉堵塞陽台的排水口。若陽台地板是水泥，夏天會反射光與熱，冬天又很寒冷，可在花盆下墊木板或木條板。

最後，在實際開始栽種後，要觀察日照與風向等條件，視情形調整植物的位置。

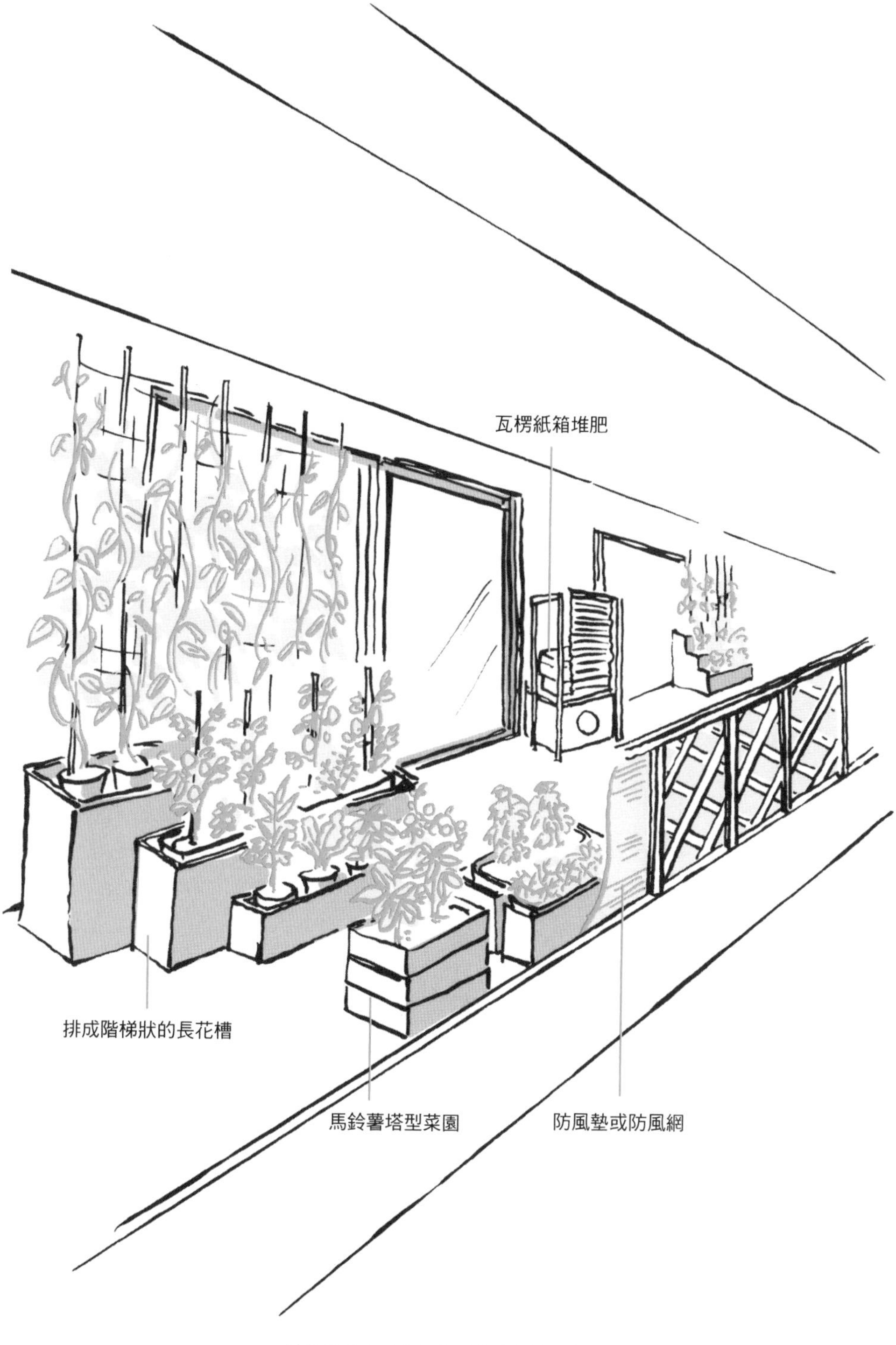

以階梯狀排成的花槽，形成立體式陳列。
若在風勢強的環境，可在陽台內側鋪防風墊或防風網。

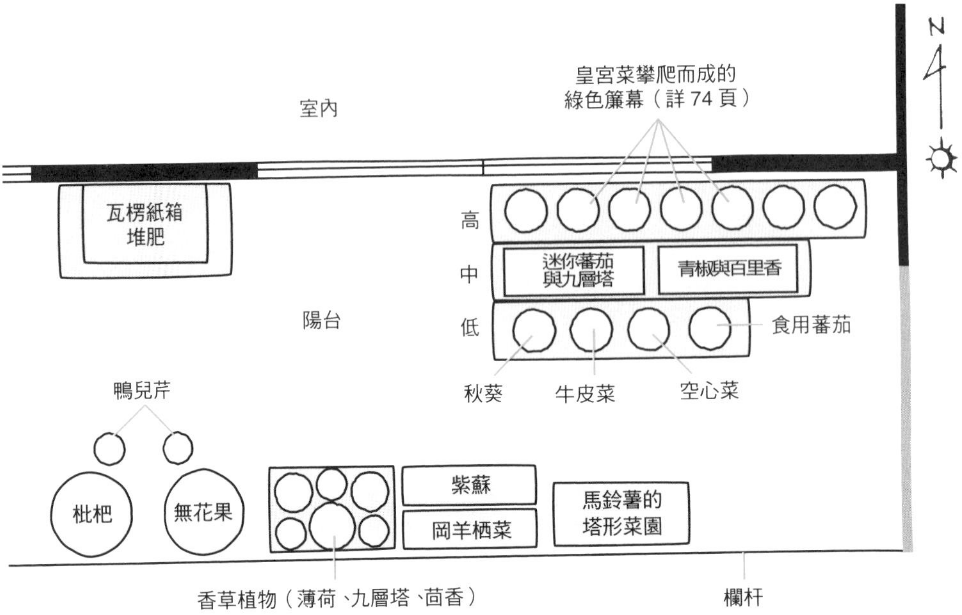

陽台菜園的配置實例。注意不要侵佔到曬衣服的空間或妨礙生活動線，也不要擋住通往鄰家的逃生出口。

注意土壤的通氣、排水在通風處，用瓦楞紙箱堆肥

想要充份運用陽台空間，關鍵在於立體式陳列。譬如利用階梯狀的底座排列花槽，不僅妥善利用空間，還可確保日照充足。

此外，可選擇容易移動的小型花槽，中間置入較輕的土質。在輕量土裡拌入碳化稻殼（燻炭），由於稻殼經過燻炙後，不會腐爛，通氣與排水性也很好。但碳化稻殼是鹼性的，如果添加過多會影響植物的生長，這點也須留意。

澆水時，因陽台在生活空間上的便利性，可利用洗澡水等剩水澆花。花槽的土質容易乾燥，建議表面可鋪設些覆蓋物。

陽台容易有強風吹入，為了擋風可沿著欄杆鋪設防風墊或防風網。由於陽台接近廚房，可採用瓦楞紙箱堆肥。如果陽光直射瓦楞紙箱，裡面的菌種會被消滅，因此最好放置在通風良好的蔭涼處。

以麻袋製成的馬鈴薯塔型菜園。
可隨著馬鈴薯生長，
將麻袋折起的部份攤開，再添加土壤。

以木箱製成的馬鈴薯塔型菜園。
可隨著馬鈴薯生長，
堆疊木框，增加土壤。

栽種方法

利用木箱、麻袋、不織布輕鬆打造菜園

可輕鬆在陽台栽種看起來美觀的香草類植物。烹飪用的是迷迭香、九層塔、蝦夷蔥、百里香等，如果想泡花草茶，可選擇甘菊、香蜂草、薄荷等植物。

蔬菜類可藉各種方法培養栽種環境。這裡要介紹的是利用木箱栽培的「馬鈴薯塔型菜園」。材質可使用烤過的杉木，不易腐爛；但若利用麻袋或不織布等身邊的素材也可以。

在木箱中置入黑土或腐葉土、落葉，經分解、發酵過的堆肥等，層層鋪設，形成層積覆蓋物，並植入馬鈴薯。如果發芽，就繼續層積覆蓋，直到看不見葉子為止。如此一來，被覆蓋的莖會漸漸結出馬鈴薯，收成時也比在土質堅硬的田埂容易。

陽台除了蔬菜以外，也可以種植一些不太需要陽光的植物，像枇杷、石榴、無花果等。如果在溫暖的地帶，建議種植耐旱的橄欖樹。

07

綠色簾幕

可吃又可遮陽的自然空調

在炎夏高溫時享受遮光、冷卻、食用的3種妙處

所謂綠色簾幕，就是讓植物像窗簾一樣遮住日光。一般多半種植牽牛花或絲瓜、苦瓜等會攀爬的蔓性植物。

這種綠色簾幕的優點不只在於遮光，與一般的窗簾或簾子不同，由於利用有生命的植物，當植物散發出水份時，具有讓周遭降溫的效果。

如果栽培苦瓜等可食用的植物，能達到遮光、冷卻、食用3種效果，可謂一舉數得。這正符合樸門永續設計的「多功能性」。

在住家附近或利用陽台的一部份種菜，充份利用空間，也符合「小規模集約系統」的原則。

利用藤蔓植物在窗前、外牆、涼棚打造綠色簾幕

綠色簾幕不一定要覆蓋在窗戶前，若是獨棟住宅，讓植物攀爬上陽光經常照射的外牆也不錯。

在住家附近的基地周圍，種植預期形成簾幕的植物，為了讓藤蔓相互交錯，可先立下支柱，再架設繩索或網子。

除了覆蓋牆面以外，也可以木材等物架設遮陽棚，讓蔓性植物攀爬。像涼棚（pergola）原先就是在義大利為遮陽而在露台建造的葡萄藤架。

如果搭建涼棚，可作為戶外的起居室，供休息與交誼之用，如果擺個小水池，也可成為小朋友的遊戲場所。

在住家南側搭建的苦瓜藤架。

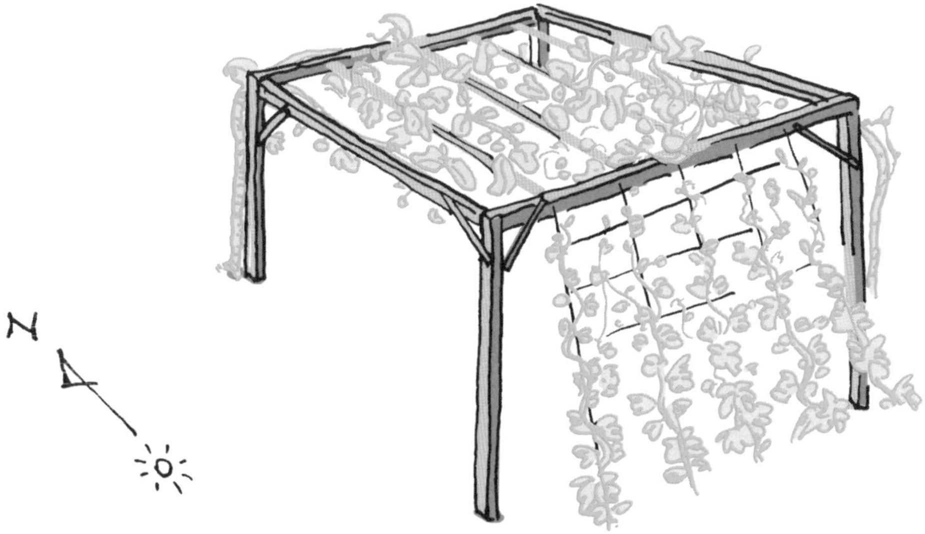

側面是四季豆的簾幕，奇異果的枝葉佈滿涼棚頂。

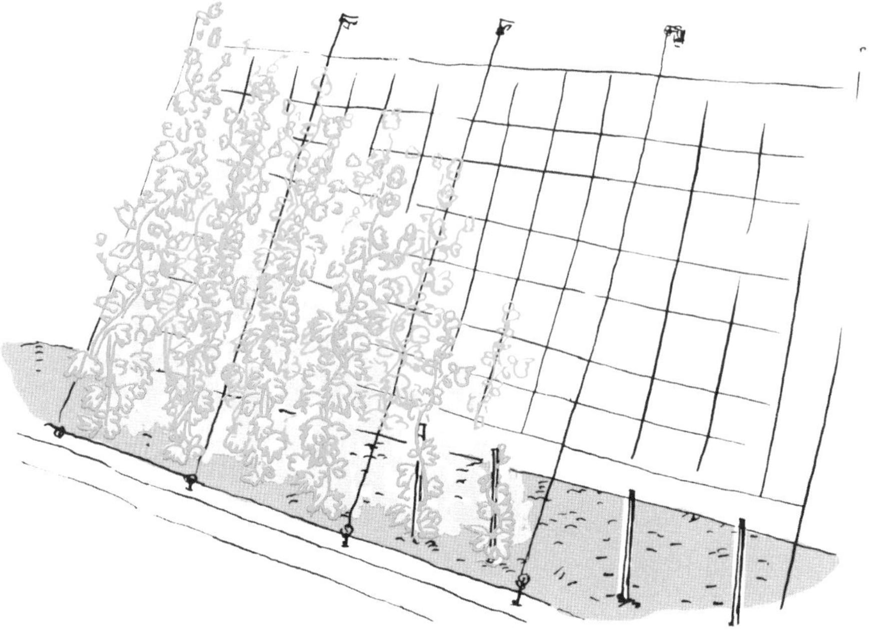

苦瓜的綠色簾幕。若種植在住家周圍，可幫外牆降溫，維持室內溫度涼爽。

栽种方法

苦瓜簾幕生長迅速、少病蟲害

苦瓜生長迅速，也比較不需為病蟲害擔心，因此在本書介紹架設苦瓜簾幕的方法。

若是獨棟住宅，可利用住家四周的土地；若是集合住宅如公寓等，可在陽台花槽種下苦瓜的種子。方法與種植一般蔬菜相同，先在盆底加入堆肥，再鋪土壤，播種後要澆充足的水。

在藤蔓開始蔓延前，先在預期的空間立下支柱，架設網子。隨著作物生長，新生的苦瓜會增加重量，若種植在花槽，最好架設可耐吹襲的牢固支柱與網子。若種在公寓陽台，更要注意別擋到逃生動線。

種植苦瓜特別需要水份，若是種在花槽裡，要特別注意別讓土壤枯乾。大約在種植一個月後再開始施加肥料，此後約每隔兩週施肥一次。

想吃苦瓜，必須成熟前就採收；但若想採種，就要讓苦瓜完全成熟，外觀呈現黃色為止。將種子上附著的果肉除去，乾燥後放入裝有乾燥劑的密閉容器，放進冰箱冷藏室保存，翌年播種時即可派上用場。

種植奇異果的涼棚，側面是四季豆的簾幕。適合作為休憩場所或小朋友的遊樂場。

奇異果、四季豆，適合戶外涼棚

適合在戶外涼棚種植的植物，包括奇異果與日本原生種的猿梨（迷你奇異果）。接下來介紹的方法，兩者都適用。

在剛建好涼棚時，就可種植奇異果。首先用2公尺高的木材或竹子搭成棚架，頂部可先作成格子狀，以便讓枝葉攀附。

奇異果樹有分成雄株與雌株，可在一個支柱旁種雄株，再選另一個支柱旁種雌株。

隨著奇異果樹生長，會有旁生的藤蔓攀附在涼棚支柱上，可先將這些枝葉切除，直接引導樹藤生長至棚頂。如果有旁生的側枝，會延緩主枝的生長，因此必須要修剪掉，讓主枝延伸至棚頂。生長到棚頂後，要讓雌株的側枝左右交錯，並預留30～40公分。

當雌花開至五分滿時，可用雄花輕觸，實施人工授粉。要是果實結得太大，會影響到風味，所以可在長到乒乓球大小時就開始採收。此外，奇異果不會在樹上自然成熟，必須在採收後催熟。

與地域、環境習習相關的

社區菜園

在東京的樂活住宅開闢菜園

都市也能種菜，透過社區菜園建立人與地球的友善關係

很多人想一邊住在都市，一邊也能享受種菜的樂趣。這點從租賃式的體驗農園大受歡迎，可看出端倪。

二〇〇七年完工的花園莊位於東京足立區，正是「附設菜園的樂活住宅」，引起許多重視環保的民眾關心，想要有效利用土地的房屋業者也開始注意。

在此之前，從未有附菜園的租賃住家，而且花園莊的整體設計，是以可長期經營農地為考量。這裡要闡述的關鍵字，則是「社區」與「樸門永續設計」。

我們特別訪問了花園莊的地主、設計師及住戶，徵詢他們對於在都市集合住宅內種菜有何看法。

「回家後就只是吃飯、睡覺、丟個垃圾，並不是很理想的生活型態。」地主的兒子平田裕之表達他的看法。

花園莊周遭的環境，由於捷運站附近的再開發，生活機能變得更方便，但隨著小套房與便利商店增加，人與地方上的關聯也漸趨薄弱，這點頗令人擔心。

花園莊的住戶、地主、鄰居，甚至長期負責維修的工人，都習慣交換自家的作物，藉此交流並引以為樂。如果沒有種菜的話，大家的接觸會減少許多。

花園莊的設計師山田貴宏則說：「人際關係上的疏離，是許多問題的起因吧。」他是NPO非營利組織日本「樸門永續設計學會」的董事，同時也兼具建築師的身分。

他深切感受到，栽培食材的菜園，是最適合交流的地方。

山田先生並接著說：「石化燃料總有枯竭的一天，與其抱持漠然或不安的態度，不如採用樸門永續設計的提案，實行循環式的農家生活。」如此一來就不至於過度依賴石化燃料，可充份利用太陽的能量，幫助我們存活。

此外，與花園莊相關的另一個關鍵字是「森

花園莊的外觀。住戶可透過社區菜園與鄰居交流，涼棚上種著巨峰葡萄，
有為建築隔熱的作用。前方設有住戶共用的螺旋菜園。

林」。「東京的住家，就要用東京在地的木頭建造」，由於秉持著這個想法，所以花園莊採用西多摩森林的木材建造而成。

在砍伐西多摩的森林後，會再進行植林，在適度的間隔砍伐下，地表可接觸到光線，林間的草地會長得更茂盛，最後使土地變得更肥沃。降雨時，森林蘊含的養份會從河川流至海洋，讓海中的生態系統變得更豐富。

山田先生表示：「這個建案採取的作法，或許對大環境的幫助很微小，但至少能提升我們的居住品質。」

另外，在菜園種植多種植物，採收、烹調後將剩餘食材作成堆肥，經分解、發酵後，又可以再回歸到菜園作為肥料。這樣的循環，正符合樸門永續設計「將身邊的場所轉化為食物森林」的目標。

花園莊正是以社區及樸門永續設計為出發點，在設計上以菜園為核心，創造可永續經營的環境與地區社會。

N

苦瓜形成的綠色簾幕

橘子樹等果樹，
以及洋甘菊等香草植物

茗荷與款冬

貼梗海棠、石榴、
杏花、枇杷、蘋
果等果樹

種植巨峰葡萄
的涼棚

廚房與
餐廳

廚房與
餐廳

廚房與
餐廳

廚房與
餐廳

檸檬

房間（不鋪地板）

房間（不鋪地板）

房間（不鋪地板）

房間（不鋪地板）

螺旋菜園

玄關（不鋪地板）

玄關（不鋪地板）

玄關（不鋪地板）

玄關（不鋪地板）

鑰匙孔型菜園

家庭菜園

家庭菜園

家庭菜園

家庭菜園

迷迭香等
香草植物

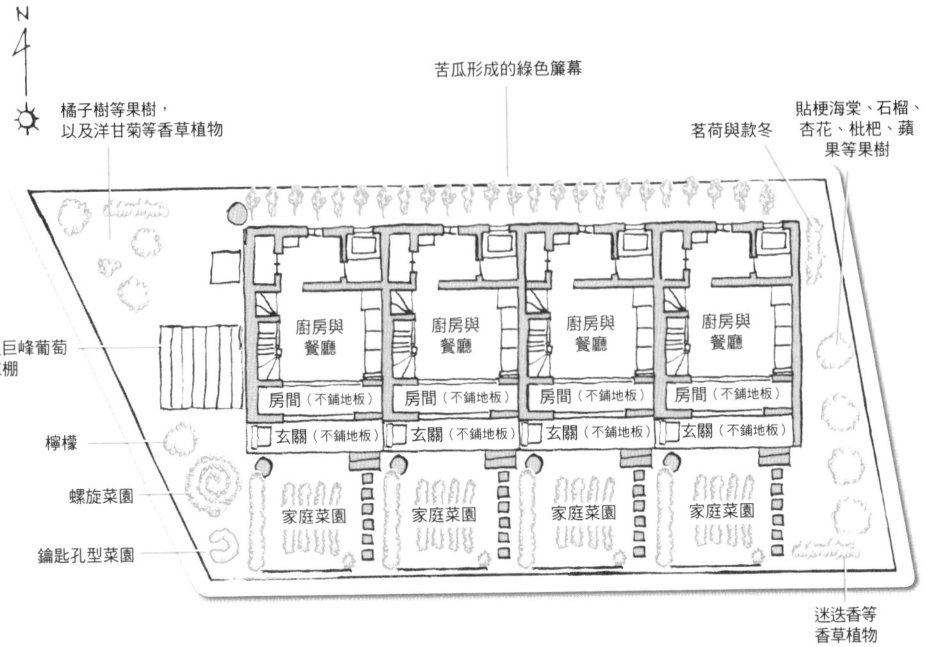

花園莊1樓平面圖。建築物周圍是居民與其他相關人士可共用的菜園。
每戶可從從南側的家庭菜園，通往玄關與房間。再往深處則是廚房與餐廳。
在自家就可以產生循環，符合「適當的配置」原則。

自創60分主義，以社區公共菜園
凝聚居民的向心力

花園莊的住戶古澤惠說：「遷入後這裡並沒有什麼樣的特別規定，但居民每個月會舉行一次會議，並利用郵件群組討論如何維護經營。開會時若談到公共菜園，可能會出現『下次大家一起來蓋披薩窯』之類的夢幻提議，或是住戶共同來除草。」

公共菜園的作物，包括由多年生香草植物構成的螺旋菜園及果樹，比較不需要費很多心力去照顧。

地主平田先生採取自創的「60分主義」，讓居民負責60％的環境維護，其餘的部份再由他協助照顧。

從這個數字能看出，對居民的負擔不會很重，可讓人輕鬆入住；對地主而言，由於增加了跟居民接觸的機會，減少許多會發生在公寓裡的問題，似乎也是維持社區居住品質的秘訣。

透過公共菜園，尤其是栽培巨峰葡萄的涼棚，凝聚出社區的向心力。除了住戶可在此聊天，也

080

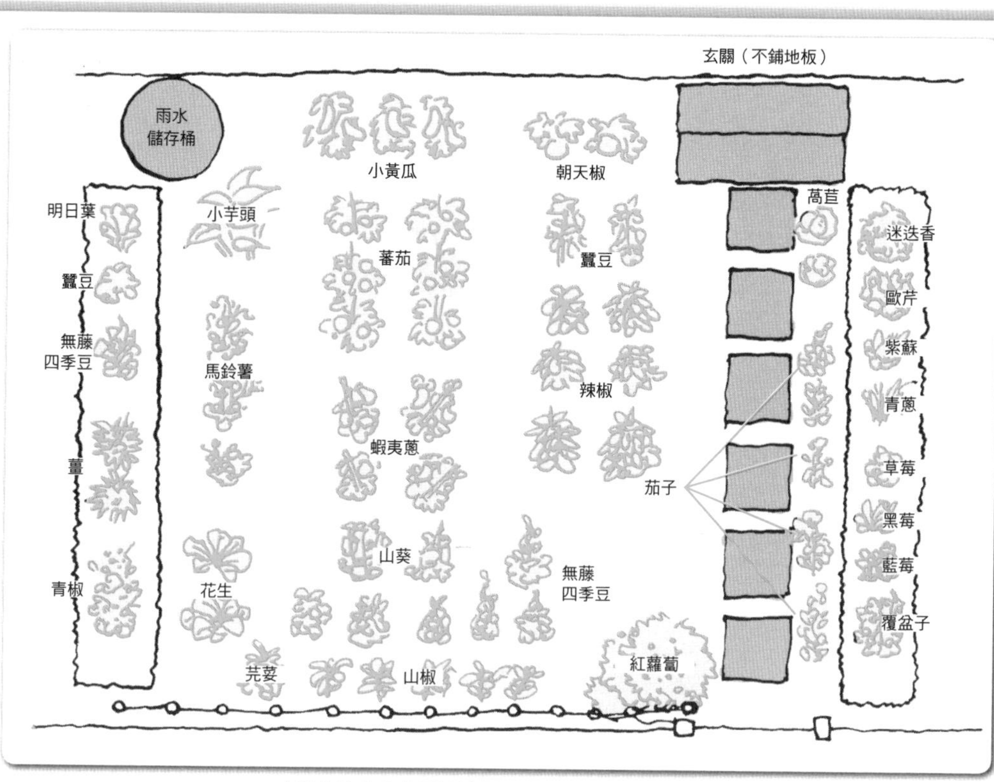

古澤家的家庭菜園設計圖。除了以夏季蔬菜為主，
作為佐料的作物如：香草植物、辣椒、薑等也很豐富。

可以招待客人，還可保護建築，抵擋日曬雨淋，可說是具備多功能的空間。

遷入花園莊後，各家都享受著自由種菜的樂趣。家庭菜園有一部份的土壤，來自附近的社區菜園；據說以前是由地主的兒子所經營的。

古澤小姐以前學過樸門永續設計，因此會製作層積堆肥（詳113頁）或稻桿堆肥。她集中附近的落葉，混入田園中的土壤，放在水桶中加入剩菜與米糠，經發酵、分解後成為堆肥，藉此增加土質的養份。

「17平方公尺的菜園對我而言，其實有點太大，因為我還有工作。接觸土地可讓人放鬆，因此很有提神的效果。自己種出來的菜最後可以吃，這點也很吸引人。能夠自己栽種食物，真是件很好的事情。」古澤家在夏季豐收期，餐桌上的蔬菜約30％都是自家種的。

不論對個人或社區，種植菜園都能提供生活與交誼的重要功能。

2 善用自然與生物的力量

節省勞力、提高產量

接下來的單元介紹幾個構想，說明樸門永續設計可借助哪些植物或生物的特質。

這部份實踐了「運用生物資源」的主張，樸門永續設計相當重視如何引導出自然的力量，也就是不依賴農藥或化學肥料，充份利用各種植物本身的特質，以及昆蟲跟家畜的習性。依照樸門的農法可省下許多勞力，並提高產量，我們何不將這些原理應用在家庭菜園？

譬如利用昆蟲防治病蟲害，讓雞或兔子協助除草與耕耘，達到共生的效果。只要妥善運用生物的力量，不論對自己或對環境都會產生益處。

只要將本單元介紹的方法引進菜園，不僅省下照顧菜園的力氣，更能減少對環境的負擔，而且最後可採收安全又可口的作物。

與生物接觸，也會帶給我們一些影響。在培育菜園時，讓昆蟲、青蛙等各種生物發揮作用，會讓我們養成觀察的習慣，更瞭解自然界。這將讓我們更愛惜生命，也激發求知的好奇心。

多接觸生活周遭的各種動植物，會感受到自己也是屬於大自然的一部份。

08

群落種植

採用共生栽培，創造豐富收成

傳統的共生栽培組合，以西瓜搭配蔥。
蔥可防瓜類植物的土壤病蟲害。

可觀賞也可吃的組合：
蕃茄+九層塔。九層塔可驅離害蟲。

玉蜀黍+四季豆+南瓜。
北美原住民稱為「三姐妹菜園」（Three Sisters Garden），
即運用共生栽培的原理，形成傳統集約式菜園。

目的與效果

以植物本身的力量防治病蟲害

所謂的共生栽培，是以防治害蟲為目的，將兩種以上的植物搭配種植。運用這個原理，將適合的多種作物組合成群落種植。

由於符合樸門永續設計「多樣性」及「運用生物資源」的主張，可提高產量並減少勞力。組合菜園包含多種作物，因此也符合「小規模集約系統」的原則。

其中最大的功效就是防治害蟲。譬如大蒜可防治蚜蟲跟蛾，九層塔可驅走蕃茄上的粉蝨，只要利用這個特質，不用農藥也可以栽培作物。

也有相反的作法，刻意種植吸引害蟲的植物，藉此保護想好好栽培的作物。譬如種野豌豆引誘蚜蟲，芥菜吸引椿象類昆蟲，藉此保護其它作物。

還有一種方法，就是以特定的某些植物，聚集會吃害蟲的昆蟲。譬如種植蒔蘿，可吸引會吃害蟲的蟻獅。

栽種方法

利用共生栽培、群落種植就能擁有豐富的收成

在樸門永續設計的構想中，群落種植以共生栽培為原則。這裡以由多種1年生草本植物構成的群落種植（詳85頁）作為代表的例子，分成3個階段。菜園併設雞舍，利用雞隻鬆土，同時為土壤增肥；種滿1年後再重新進行輪作。

群落種植1　在3月初的前兩週，先利用雞隻鬆土。4月～6月之間，栽培四季豆、豇豆、馬鈴薯、蕃茄、九層塔、茄子等作物。這個組合是考量到九層塔對茄子有防病蟲害的作用。

群落種植2　在7～9月時加種蕃茄、茄子、歐芹，並栽種小黃瓜、玉蜀黍；以及預備作為雞飼料的莧屬植物。

群落種植3　9月時再利用雞鬆土，種植茼蒿、包心菜、綠花椰。

由於這只是個案，因此可參考86頁後的圖表，試著設計屬於自己的群落種植。

群落種植的年度栽培計劃

以各種一年生草本植物規劃而成的群落種植。
為避免產生連作障礙，採用混合種植的計劃。

組合菜園 1

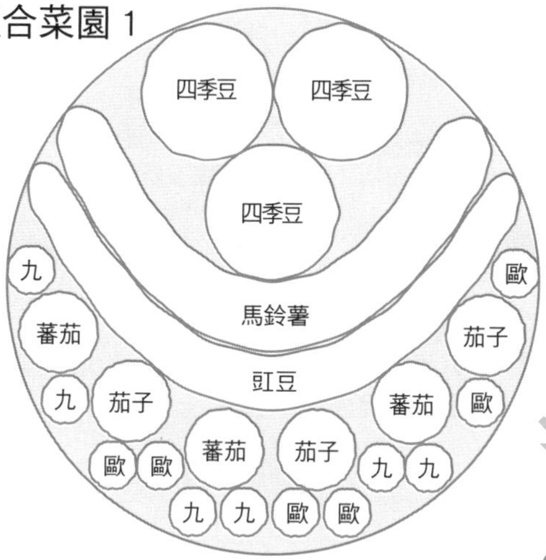

九 ……九層塔

歐 ……歐芹

歐芹與茄子可以互相驅離害蟲。
九層塔可治療蕃茄的病蟲害。

組合菜園 2

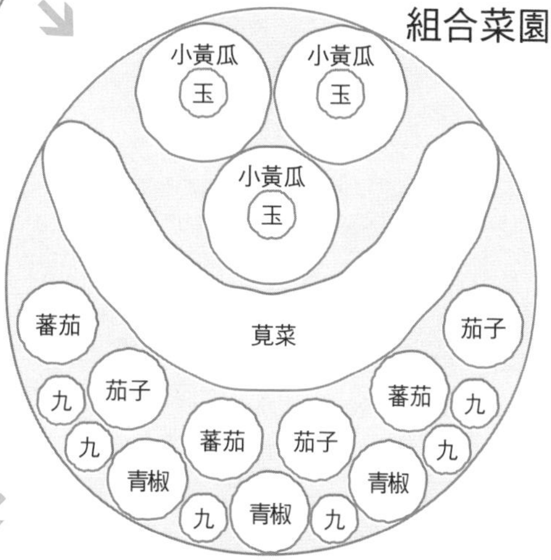

玉 ……玉蜀黍

九 ……九層塔

小黃瓜的藤蔓可攀附玉蜀黍的莖與葉，或加上支柱或網子，架設為立體式的栽培。各種不同的土壤微生物可促進植物生長。

組合菜園 3

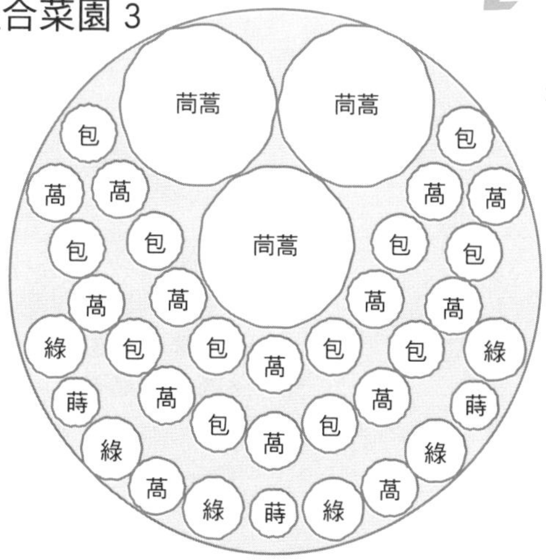

綠 ……綠花椰

包 ……包心菜

萵 ……萵苣

蒔 ……蒔蘿

萵苣可驅離包心菜的害蟲。

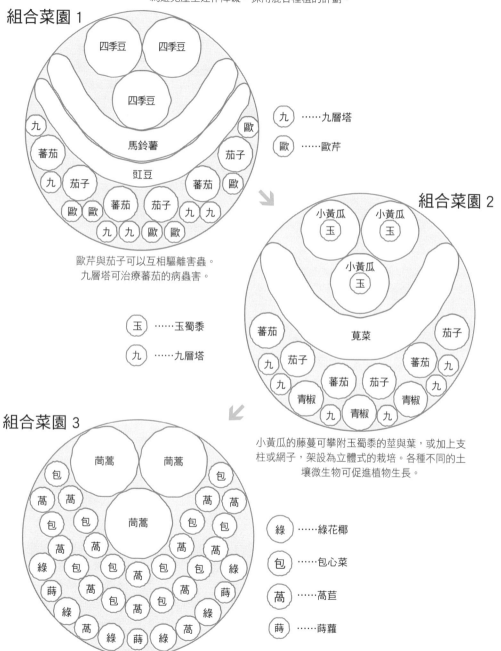

各種植物的屬性

請將相合的作物種在四周，把不合的作物隔些距離。

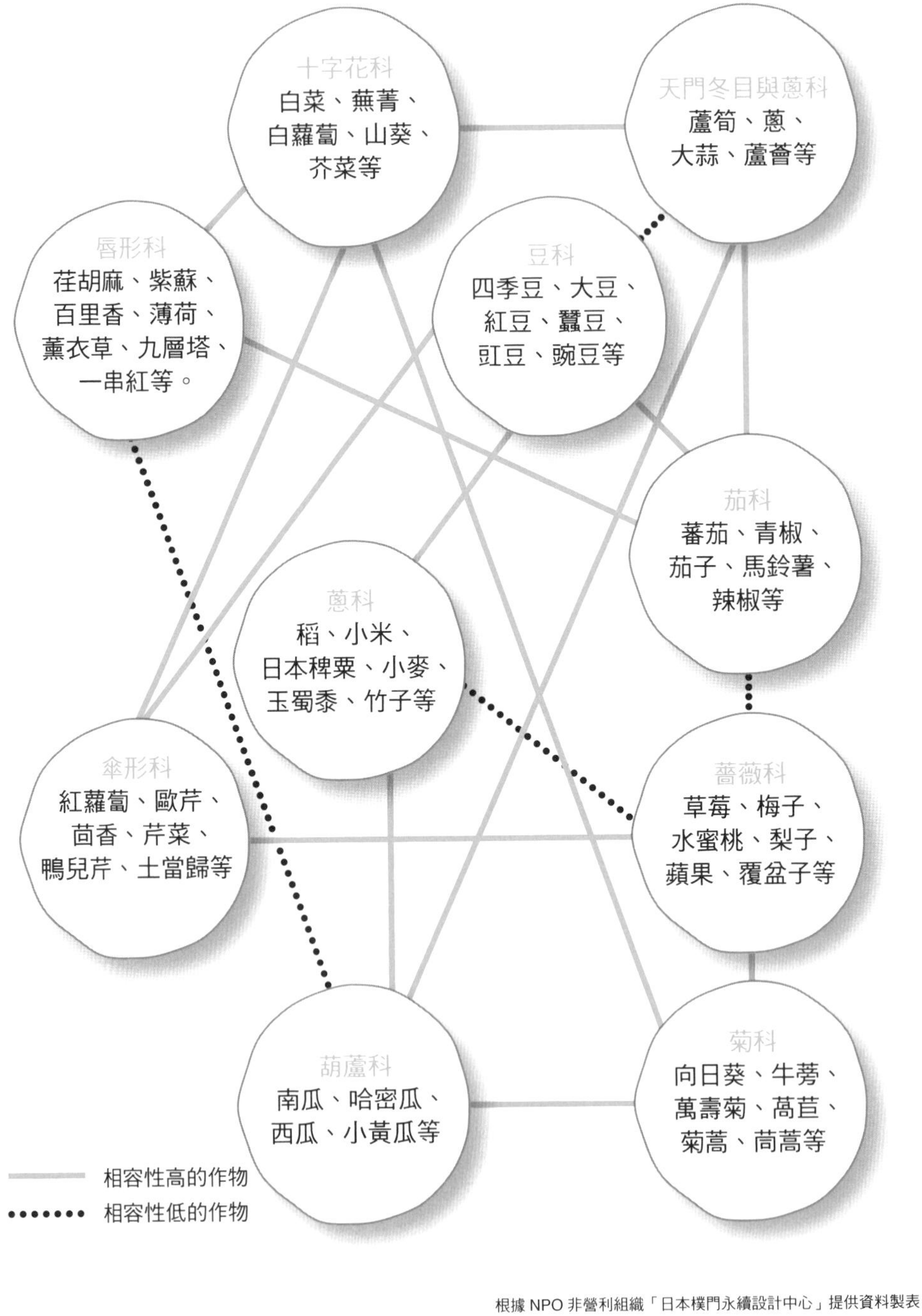

根據 NPO 非營利組織「日本樸門永續設計中心」提供資料製表

作物與適用共生栽培一覽表

可依照預期效果，選擇共生栽培的植物組合。

作物	共生栽培	預期效果
ア行		
草莓	碧冬茄屬（如矮牽牛）	聚集訪花昆蟲，對草莓結果有幫助。 防治害蟲。
四季豆	芝麻菜	防治害蟲、促進生長。
毛豆	紅蘿蔔	防治害蟲、促進生長。
カ行		
南瓜	野生豌豆	避免白粉病。
	長蔥	防治土壤病蟲害。
	看麥娘	形成活地被物。
包心菜	萵苣	防治紋白蝶、小菜蛾、夜盜蛾。 抑制雜草生長。
	繁縷屬	促進生長。
小黃瓜	長蔥	防治土壤病蟲害、促進生長。
	野生豌	避免白粉病。
	細葉芹	防治害蟲、避免根部過於乾燥。
小松菜	馬齒莧、紅藜、白藜	抑制冬季的雜草。
サ行		
紫蘇	紅紫蘇與青紫蘇	驅逐彼此的害蟲。
馬鈴薯	羊蹄（*Rumex japonicus*）	防治害蟲。
西瓜	玉蜀黍	防治害蟲。
	長蔥	防治土壤病蟲害、促進生長。
	麥	形成活地被物。
タ行		
洋蔥	紅花苜	防治害蟲、促進生長。
	洋甘菊	防治害蟲。
蕃茄	韭菜	防治土壤病蟲害。
	花生	增加抵制力、促進生長、抑制雜草生長。
ナ行		
茄子	九層塔	防治害蟲、避免乾燥。
	韮菜	防治土壤病蟲害。
	花生	形成固氮作用、促進生長。
苦瓜	菁芳草	促進生長、防治害蟲。
韭菜	蕃茄	促進生長。
紅蘿蔔	毛豆	防治害蟲、促進生長、提升甜度。
蔥	菠菜	防治害蟲、提高作物品質。
	小黃瓜	防治害蟲、促進生長。
ハ行		
九層塔	茄子	有遮光效果、可提高作物品質。
青椒	無藤四季豆	促進生長、防治害蟲。
綠花椰	一串紅	防治害蟲。
	萵苣	防治害蟲。
ラ行		
萵苣	十字花科類蔬菜	防治害蟲、抑制雜草生長。

根據《不用農藥的家庭菜園——共生栽培》（木嶋利男著，家之光協會出版）內容製表

09

有效改善土質
遏止雜草生長

先驅植物 地被植物

目的與效果

先驅植物，有效改善土質加速自然變遷

“pioneer plants”在日文中稱為「先驅植物」，指在最早在沒有植被的荒地上生長的植物。先驅植物可對土地形成固氮作用，掘鬆硬土，淡化土壤中的鹽份，使環境變得適合其他植物生長。

利用先驅植物改善土質的栽培方式，符合樸門永續設計的「加速自然變遷」、「小規模集約系統」。譬如在紐西蘭會先種植豆科樹木如合歡樹，形成固氮作用，等土地狀況改善之後，再種其他植物。日本自古以來也會在水田旁種日本榿木，因共生的菌種會產生固氮作用，而且木材可作為稻架，用來曬乾收割後的稻子。

其他的利用方法

固氮、綠肥、防蟲害預防雜草叢生

如果想在家庭菜園種植先驅植物，建議可嘗試野百合屬的植物。除了具有固氮作用，鏟入土壤中就可成為綠肥，此外，對於危害多種作物的線蟲也有抑制效果。

日本從以前就有在水田種紫雲英的習慣，這可以算是一種先驅植物。由於它有固氮作用，在種稻前先種植紫雲英，然後再鋤入田中作為綠肥；也可在休耕時種在田中，預防雜草叢生。

樹木中的先驅植物則是刺槐。在澳洲等地，常會先種植刺槐，形成固氮作用後再砍樹，改為耕地。

紫雲英鋤入田中後就成為綠肥。紫雲英或野百合屬可產生固氮作用，
枯萎後會在土中釋放氮氣，同時也形成堆肥。

地被植物
遏止雜草生長、避免表土流失

覆蓋地面的植物稱為“ground cover plants”，在日文中稱為地被植物；不僅可防止雜草生長，也可避免表土流失。

地表若有地被植物生長，陽光不會直射地面，土壤不至於太乾燥，也可促進微生物活動。就景觀而言，地被植物也有美化裸地的作用。

地被植物具有多項優點，正符合樸門永續設計主張的「多機能性」。加上可供蟲類棲息，因此也呼應生物「多樣性」的原則。

一般最常見的地被植物是草坪，但以樸門永續設計的觀點來看，如果栽種「可食用」或能發揮「多機能性」的植物會更理想。

地被植物的角色與「層積堆肥」（詳113頁）有所重疊。一般來說，蔬菜類比較適合作為層積堆肥，但樹根旁或通往田地的小徑更適合地被植物。

多用途又容易栽培的地被植物

在田間常見的地被植物，多半是地瓜或南瓜等蔓性植物。若要防止雜草生長，建議可在通往田地的道路種植普列薄荷。

紫草（comfrey）是相當容易栽培的香草植物，也可種植在果樹下。嫩葉揉擦後可用來溼敷，熬煮後可作為咳嗽藥，據說對身體也有抑制發炎的作用。但紫草具有微量毒性，不能食用。另外，由於紫草葉含氮量高，可浸在水中2個月後，作為液肥。

旱金蓮花（nasturtium）也是種多用途的地被植物。黃色或紅色的花朵可供觀賞，花與葉帶有些微辛辣的口感，可拌成沙拉食用，或是作成油炸天婦羅。也有研究報告指出，旱金蓮花可驅離蚜蟲。

如果要在果樹下種植地被植物，最好選擇適合蔭涼處的植物，譬如紫蘇科的野芝麻屬或苜蓿。雖然不耐夏季的直射陽光與高溫，但野芝麻屬非常耐寒，苜蓿則有固氮作用。

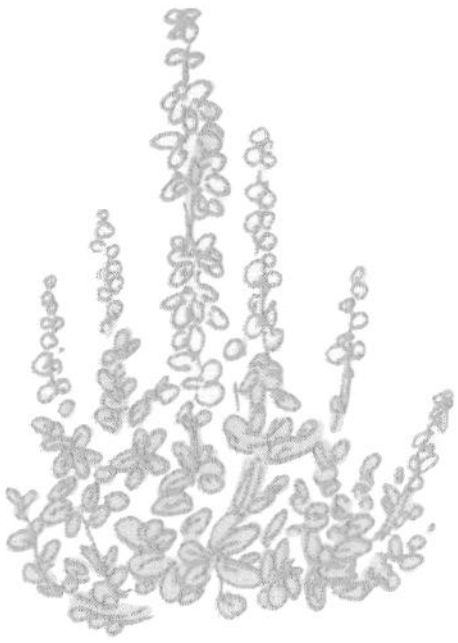

普列薄荷可遏止雜草生長。

果樹下種野芝麻屬植物，
可避免表土流失，並能保持土壤濕潤。

紫草有助於維持生物多樣性，
並能培養土壤微生物。

10 生物資源

利用天敵防治害蟲

目的與效果

借助動物和昆蟲幫你鬆土、堆肥、授粉

同伴動物“companion animal”原指與人類生活關聯密切的寵物。在樸門永續設計的概念裡，泛指與「活用生物資源」相關的各種昆蟲與動物。

其中最具代表性的例子，就是捕食害蟲的昆蟲或青蛙。

如果把雞或兔子放到田裡，牠們都會以雜草為食、幫忙鬆土，糞便還可作為堆肥，也是一種生物資源。

其實像幫果樹授粉、會製造蜂蜜的蜜蜂，也符合生物資源的條件。

只要善加利用生物資源，人類可減少付出勞力，並儘可能以自然的力量栽培作物。

活用方法

打造適合生物居住的棲息地1 利用害蟲的天敵

想要善用生物資源的力量，首先要幫牠們建立適合的居住環境。

蚜蟲可說是害蟲的代表，接下來就介紹培養蚜蟲天敵的方法。

瓢蟲跟食蚜蠅的幼蟲，都是蚜蟲的天敵。菜園周圍如果生長出龍葵、濕生葶藶、山芥菜等野生植物，不要拔除，可繼續保留。這樣到4～6月蚜蟲生長的季節，瓢蟲就會開始聚集，接著就會將作物上的蚜蟲吃掉。

只要菜園附近的草木有害蟲的天敵，如瓢蟲、螳螂、蜘蛛等，就可以減輕蟲害。若菜園附近有常綠灌木或多年生野草，就可以讓害蟲的天敵棲息。

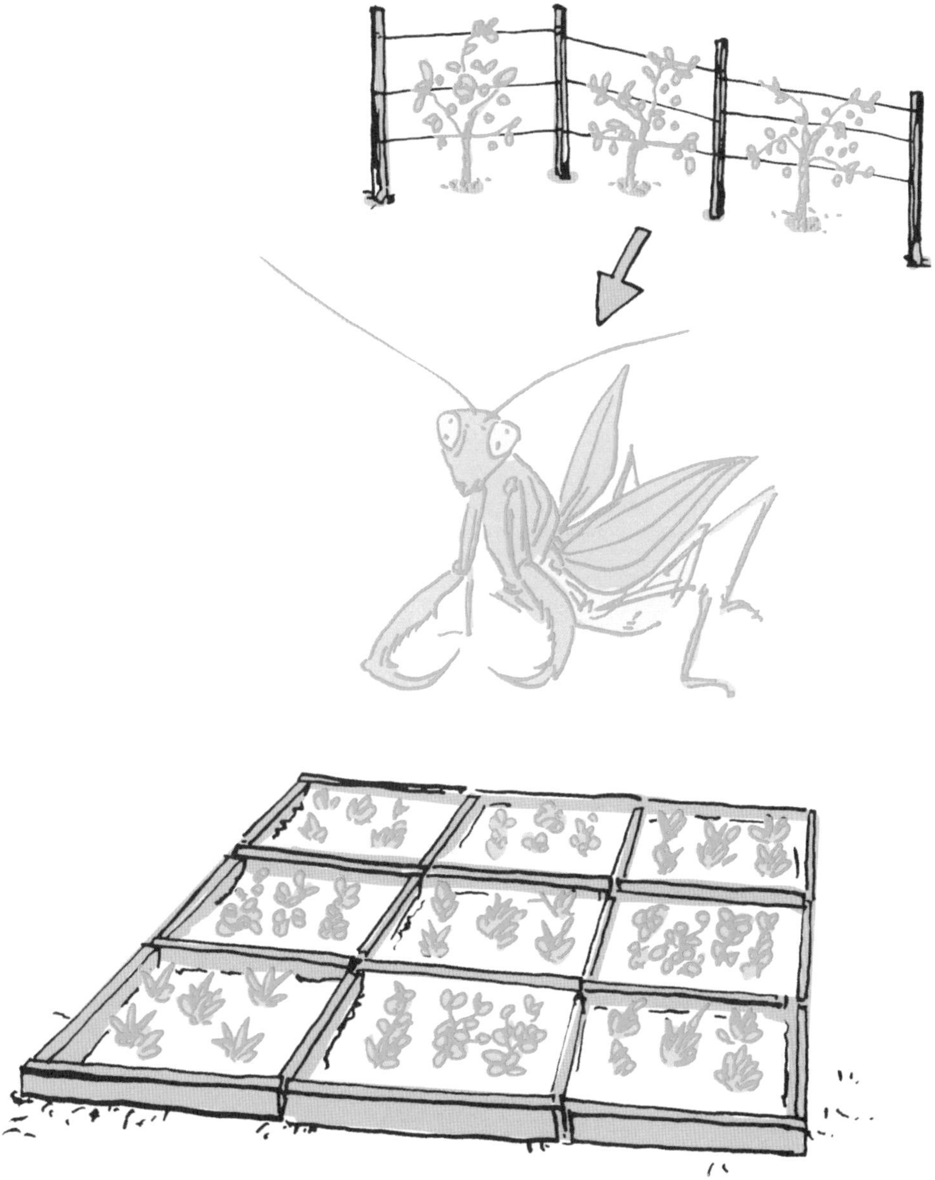

只要附近有籬笆菜園或灌木生長，就可培養害蟲的天敵如螳螂等。如果將籬笆菜園設在正方型菜園附近，就可引進天敵，吃掉正方型菜園的害蟲，而且效果良好。

自左上角起，往右依序是害蟲的天敵：蜘蛛、螳螂、青蛙。
對抗蚜蟲最有效的天敵，是食蚜蠅的幼蟲、瓢蟲的成蟲與幼蟲。

打造適合生物居住的棲息地2 建立野生生物廊道

除了野生植物以外，也可以利用花聚集害蟲的天敵。可先種下多種植物，讓菜園一整年都有不同的花開放。

最適合吸引害蟲剋星的植物，依種類如下。蔬菜、穀物類：紅蘿蔔、蠶豆、綠花椰、白蘿蔔、蕎麥。香草植物類：芫荽、葛縷子、蒔蘿、茴香。讓人賞心悅目的花草則有：蒲公英、萬壽菊、艾菊、苜蓿。

也可利用青蛙或小鳥捕食害蟲。為了吸引青蛙，可挖掘小池塘（132頁），想聚集小鳥，就要栽培茂盛的樹木，在樹上架設鳥屋。

若想在廣大的土地耕種樸門文化菜園，請參考第30頁提到的「野生生物廊道」。基於昆蟲會來去於自然跟田野間，所以可利用天敵消滅害蟲。

吃草、排便、啄土、用爪耙地……
雞符合樸門永續設計「多機能性」精神。

11

雞隻耕耘與各式雞舍

除草、施肥、耕耘

目的與效果

雞、兔、鴨、鵝、合鴨是多功能的理想家畜

雞肉與雞蛋可食用，雞糞可作為肥料，雞可協助耕田，啄食雜草，具有多種功用，雞，可以說是樸門永續設計的象徵生物。除了符合關鍵字「多機能性」，是「活用生物資源」的理想家畜，也是92頁介紹同伴動物概念的代表動物。

如果善用雞隻耙土的效果，可節省人的勞力，使土地變成營養豐富的農田。

兔子的肉可食用，又能提供毛皮、肥料，與雞應列為同等級。其他的生物資源還有鵪鶉、鴨子、鵝、合鴨（家鴨與綠頭鴨雜交的品種）等。

幾乎大部份的草食動物都有除草、耙土、施肥的作用，但最容易飼養的還是雞與兔子。

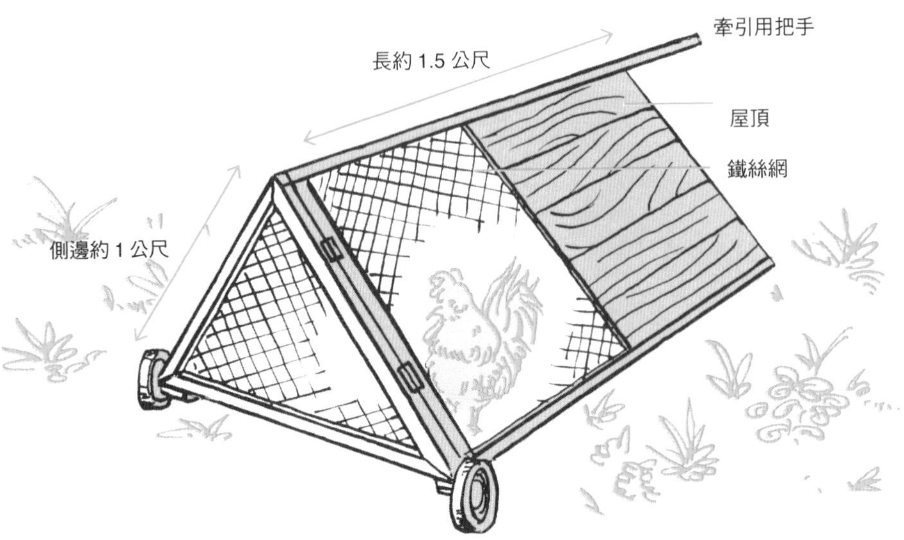

三角形雞舍。一側有裝車輪，另一側有裝把手，因此很容易移動。
圖示的尺寸可養2隻雞。每養1隻公雞，就要養數隻同種類的母雞，並注意雞籠的空間是否充足。

牽引式雞舍
方便移動、容易管理

牽引式雞舍可讓雞棲息其中，同時以人力在地面上移動。藉此讓雞吃雜草與蟲，用喙啄土、拿爪耙地，再讓糞便當肥料。這裡要介紹的是三角形雞舍，側面是每邊1公尺的三角形，長度約1.5公尺。先用木條釘好外框，屋頂有一半由木板釘成，另一半由鐵絲網覆蓋。為了讓雞耙地，雞舍不釘地板。有屋頂的半邊雞舍是讓雞睡覺的地方。

在靠近鐵絲網的部份設有出入口，底下裝小輪胎，屋頂上有裝牽引用的把手。

可在裡面放2隻雞，在想翻土的地方放3天，就有耕耘機的效果。雞隻已耙過的地方，可直接作為菜園。但雞不能光吃野生植物，也要餵牠們零碎菜葉、剩飯、豆腐渣、米糠、牡蠣殼等飼料。

如果把母雞與公雞養在一起，會產生有精卵，於是就會開始繁殖。但經過品種改良的雞已很少孵蛋，必須設法讓日本矮雞或烏骨雞代孵。

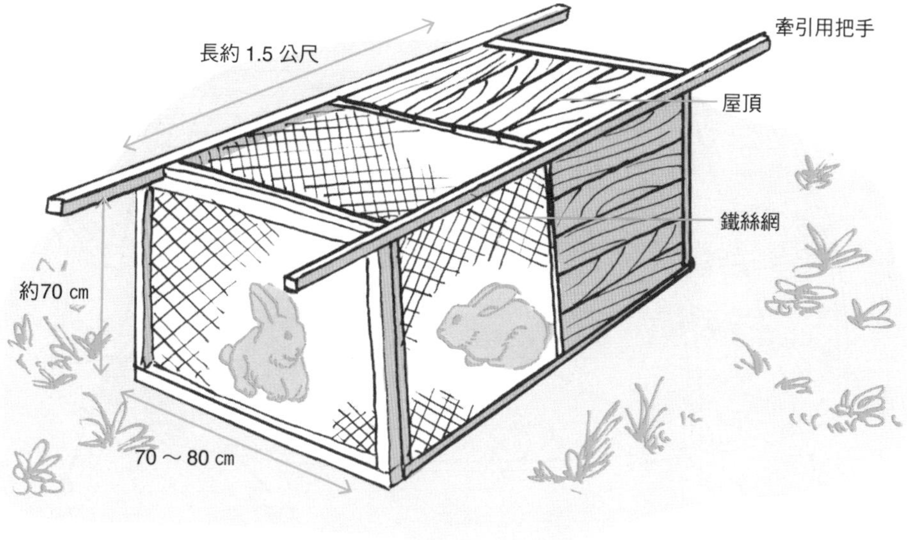

箱型的移動式兔籠。可由兩個人手持兩端移動。
與雞舍一樣，不釘地板。為移動而往上抬時，注意別讓兔子溜走了。

飼養兔子幫你掘土、解決雜草與施肥

兔子會吃草或零碎菜葉，喜以柔軟的植物為食，可幫忙解決雜草與菜梗果皮類；也可以利用移動式兔籠幫忙掘土。兔籠可採用前述的三角形，或是上圖的箱型也可以。兔子有挖洞的習性，因此要定期檢查，以防兔子從地洞逃走。

如果要在固定的兔籠養兔子，由於兔子怕熱也受不了濕氣，最好是蓋一座夏季仍能保持陰涼的小屋。屋頂要採用能隔陽光的素材，在鐵絲網外可掛麻布作為窗簾，保持通風與涼爽。一旦鐵絲網破了，貓與烏鴉會襲擊兔子，要儘快修理。

若想利用養兔得到肥料，可將兔籠架高，底部用鐵絲網固定，下方擺蚯蚓的養殖箱，讓兔子的糞便自然落下。與其直接將兔糞撒進菜園的土壤，不如讓蚯蚓先攝取分解後，形成堆肥，作物的根會更容易吸收。

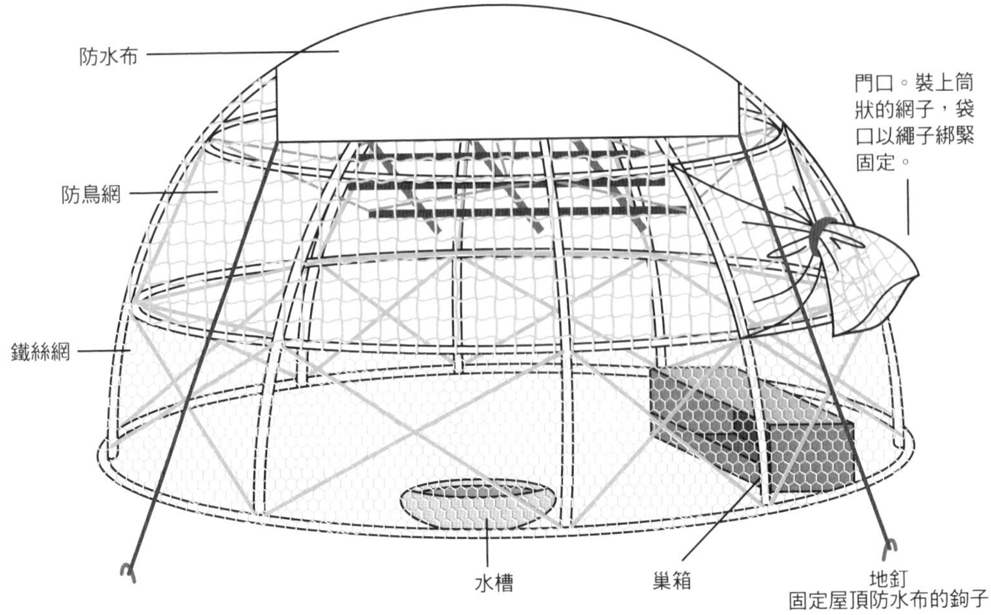

圖為圓頂雞籠。若作成圓頂形，用最少的材料就能完成大又堅固的雞籠。
另外，圓形的地基可讓弱小的雞隻逃過強壯的雞攻擊。養一隻公雞，對應要養數隻同種類的母雞。

大型的圓頂雞籠

第96頁介紹的三角形雞舍，是規模最小的例子；如果要飼養的雞超過3隻，建議作個圓頂雞籠。一個圓頂雞籠最多可容納20隻雞，如果超過上限，雞隻互不認識，也容易互相攻擊。

較容易製作的圓頂雞籠規模，大小是直徑2公尺，高度1公尺。材料可用外徑1.8公分的PVC塑膠管，並準備接頭與黏著劑。還有固定用的鐵絲與夠堅韌的繩索、防止外敵侵入的金屬網、防止雞逃跑的網子、供雞睡覺的棲木、讓雞產卵的巢箱、放飲用水的水盆，要在雞籠頂鋪能防水與防紫外線的防水布、固定帳篷的地釘，請依照下頁介紹的順序組合。

完成後的圓頂雞籠可容納3隻雞，先在一個地方放置2週，雞隻就會吃掉田間的雜草與小蟲，糞便可作為肥料，並耙鬆土壤。當然，除了吃草以外，還是要餵雞其他飼料。

圓頂雞籠的製作方法

請依下列順序製作雞籠，完成圖請參考前頁。

上圖

1 下層的PVC塑膠管圓周約6m28cm，中層的圓周約5m60cm，上層的圓周約3m80cm。以接頭連接兩端，若採用4m長的塑膠管，中層、下層必須各追加一個接頭，才能延長需要的效果。

2 以4根長度3m14cm的半圓形塑膠管交叉，最上方以鐵絲固定，在與下層、中層、上層水管交接處，戳洞以鐵絲固定。

中圖

3 為了不讓圓頂雞籠變形，在中層跟下層圓周之間，綁繩子交叉固定8格對角線。要訣是儘可能維持相同形狀。

4 在每格上方，如圖在中層與圓周、中層與上層之間，綁繩子固定，形成弓形，作為補強。

下圖

5 以寬5cm，長度約75cm的竹子縱橫各3根，交錯組成正方形的棲木，上方以繩子垂吊。

前頁圖

6 在中圖固定的8格對角線表面鋪上鐵絲網，為防止外敵挖洞入侵，鐵絲網需延伸30cm，埋至地下。

7 為雞籠鋪上垃圾收集處常見的防鳥網，在上層與中層中間的一格，安置筒狀的網子，以繩索綁緊洞口。只有在給飼料、取雞蛋時才打開。

8 在雞籠中放入下蛋時需要的巢箱，箱子裡面要鋪稻草。

9 為了遮雨，在雞籠頂鋪上防水布，以繩子跟地釘固定。防水布如果面積太大，很容易被強風吹走，因此要適度取捨。最後在圓頂雞籠內放入水盆，整體佈置就大功告成了。

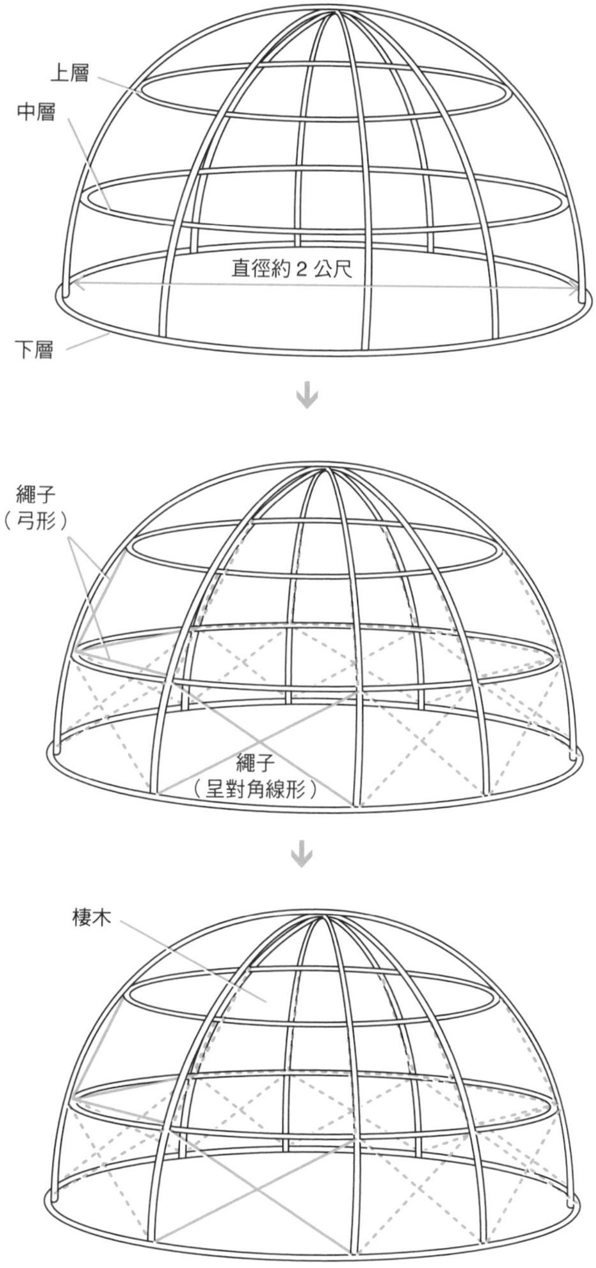

12 蜜蜂的益處

協助授粉、製造蜂蜜

目的與效果

蜜蜂的3種作用
授粉、採蜜、作蜂蠟

一般人印象中，養蜂的難度較高；但只要有小型的庭院，就有機會嘗試。蜜蜂是果實授粉的媒介，釀出的蜂蜜可食用，從蜂巢採出的蜂蠟，可作為蠟燭或天然蠟的材料。

蜜蜂既是「多機能性」的生物資源之一（92頁），也符合樸門「活用生物資源」的原則。

專業的農家，會在種草莓或其他作物的溫室裡放蜜蜂，讓牠們幫忙授粉。但家庭菜園養蜂，目的可能僅限於採蜜。

放置蜂箱的場所，最好是採光良好、北風吹不到的地方。若是小朋友經常出入的地方，或接近養家畜的圈舍，都不適合養蜂，尤其家畜的排泄物氣味強烈，會鈍化蜜蜂的嗅覺。

注意事項

養蜂前的心理準備、安全常識

養蜂前要有心理準備，可能會被蜜蜂螫，也可能招來具危險性的胡蜂。最好在飼養前先詳讀相關書籍、參加為業餘人士準備的養蜂講座，並向左鄰右舍事先告知。

此外，也有人對蜂毒會產生強烈的過敏反應，最好在養蜂前先去醫院接受檢查，檢測對蜂毒的抗體反應。

若專門從事養蜂業，在日本需要執照；但如果只是業餘養蜂，就沒有法律上應盡的義務。不過在頒發養蜂執照後，若附近發生腐蛆病（法定傳染病，會危害蜜蜂的幼蟲），日本部份地方政府會主動通知。建議決定養蜂時，可向地方政府的畜產課或家畜保健衛生所諮詢，看是否應申請養蜂執照，或作腐蛆病檢查。

蜂箱的構造與重點

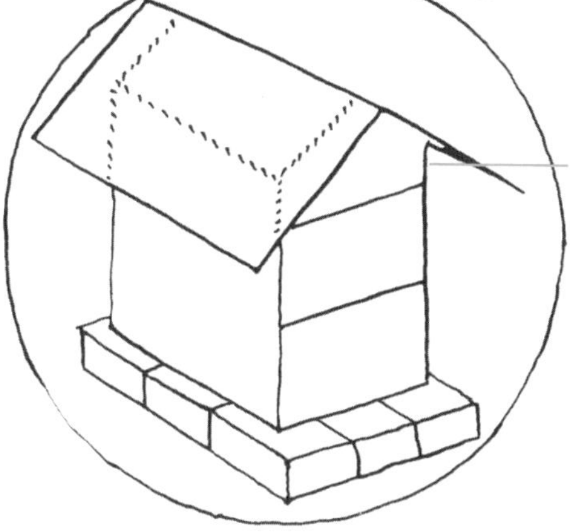
可用鋅板等素材製作屋頂，防止日曬雨淋。

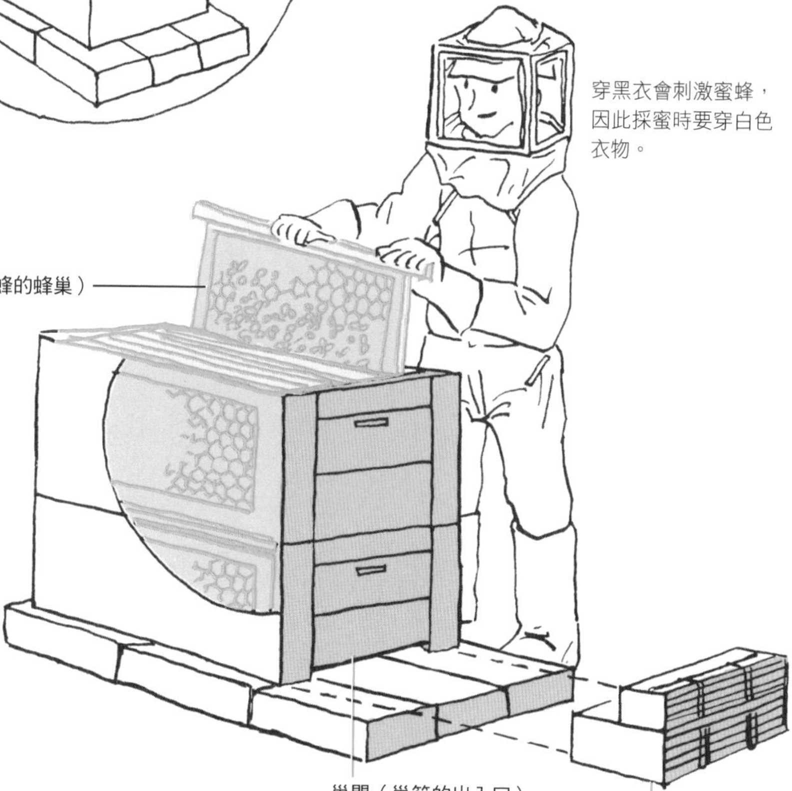
巢板（蜜蜂的蜂巢）
巢門（巢箱的出入口）
在蜂巢前裝設補胡蜂的陷阱。

庭中的小池可供給蜜蜂水份。

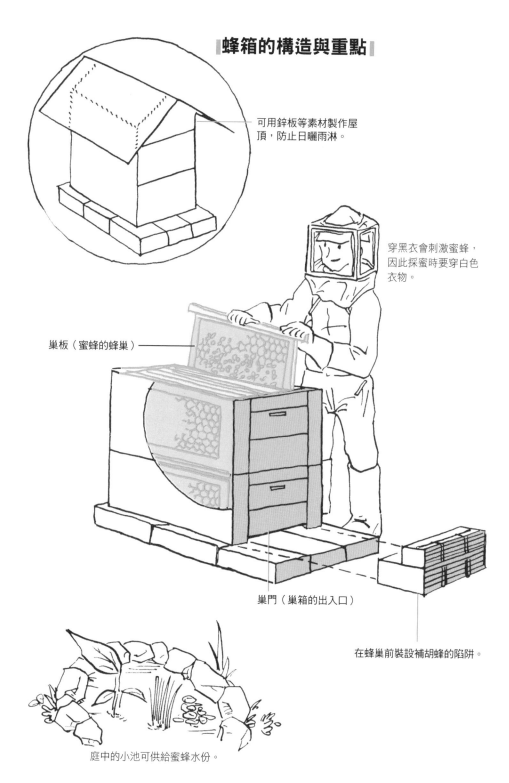

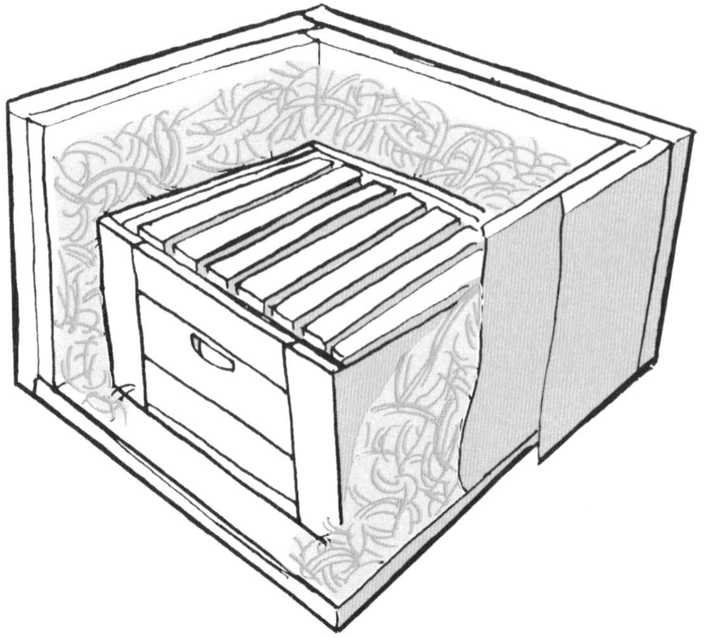

為了準備過冬，蜂箱外層可包覆稻桿及保麗龍箱，作為禦寒對策。

如何在一年四季依溫度變化照顧蜜蜂

透過網路與其他通路，可買到裝著蜜蜂的蜂巢箱，與整套養蜂必需的工具。可從養蜂場的網站上找，或打關鍵字「養蜂用具與設備」，就可搜尋到。為了在翌年春季蜜蜂活動的高峰期之前作好準備，最好先在9～10月間購入蜂箱與器材，先熟悉蜜蜂的生態。由於胡蜂在秋季會入侵蜂箱，所以也要預先設置捕捉胡蜂的陷阱。

由於冬季花量減少，秋天時蜜蜂會逐漸留在蜂箱裡。冬季要持續提供蜜蜂砂糖水，直到巢板上的巢室填滿蜂蜜，蓋上蜂蠟。為了禦寒可把巢門關小。更冷時，可在巢箱外覆蓋稻桿與保麗龍箱保暖。

春季時蜜蜂數量會增加，開始四處採蜜。這時要檢查蜂箱，若巢室都已填上封蓋，就要採收蜂蜜（如次頁圖）。5月是分蜂的季節，應將數量增加的蜂羣分為兩羣。夏季要避免陽光直射蜂箱，並在附近為蜜蜂提供飲水處。

把巢板上的巢室封蓋削掉後，
放入搖蜜機，以濾蜜器過濾流出來的蜜。

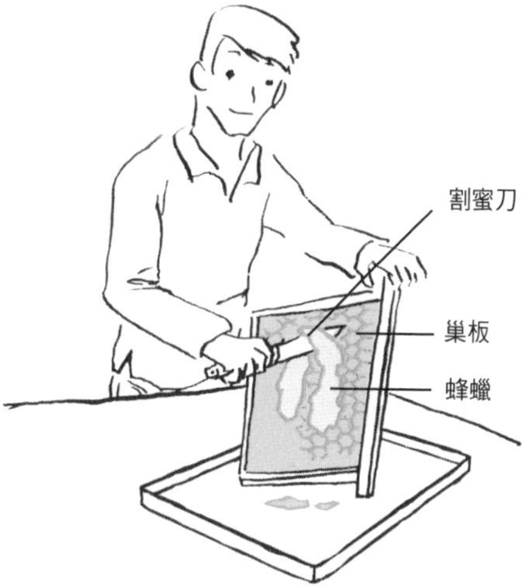

先用割蜜刀削去巢室上的封蓋，
以便稍後取出巢板儲存的蜂蜜。

利用方法

採蜜的訣竅與蜂蠟的製作方法

採蜜的時節多半在春季或初夏，當巢板上的巢室遍布封蓋，就是適當的時機。

作業最好在晴天早上進行。首先將巢板從巢箱中緩緩取出，上下振動數次，將巢板上的蜜蜂抖落。

把巢板帶到別處，直立於烹飪用的烤盤或其他容器上，以加熱後的割蜜刀將封蓋薄薄削開，之後，將巢板放入搖蜜機，讓蜂蜜匯流出來，以濾蜜器過濾後就完成了。

採收好的蜂蜜除了供自家用之外，也可以分送一些給附近種花的鄰居，分享養蜂的樂趣。

從蜂巢採下的蜂蠟也可加以利用。當秋季蜜蜂減少時，巢箱裡會留下多餘的蜂巢。將空巢輕輕割下，放入鍋內以小火融解，過濾後得到的就是蜂蠟。蜂蠟可製作蠟燭、護手霜、天然蠟。

靈活運用周遭的野生植物

魔女講座

利用藥草神奇的魔法能量強健身體、豐富心靈

你聽過什麼是日常生活中的「魔女」嗎？有些人可能會想：魔女穿著黑色的斗篷，配上大大的鷹勾鼻，隨心所欲施展魔法；這跟我們一般人的生活有什麼關係？

二〇〇九年，NPO非營利組織「日本樸門永續設計中心」（PCCJ）開始舉辦「魔女講座」，講師小林妙子因為關注食品與化妝品安全，二〇〇六年開始加入PCCJ的實習課程，並初次接觸到藥草。小林妙子解釋，所謂「魔女」，指的是瞭解自然界法則與自身狀況的人，對於季節的變化也特別敏感，有時懂得用藥草──具有藥效的野生植物幫人治療。魔女可說是自然與人的橋樑，以自然為本，與身邊的一般人又具有許多共通點。

魔女所精通的魔法，就是將我們周遭的野生植物融入現代生活，利用藥草蘊含的能量強健身體、豐富心靈。

在魔女的點化之下，身邊的各種野生植物如蕺菜、木賊，都變成具有多種用途的藥草。在不知情的狀況下，原本以為只是野草，但其實它們很有用。山野或菜園中自然長出的野生植物，會在最適合生長的季節與場所出現。攝取生意盎然的野草，對身體有益。

但是要特別注意，部份野生植物具有毒性，譬如毒芹的外觀跟水芹很像，一定要小心，不要摘錯。

學習正確的知識、專注觀察身邊的事物、懂得辨認並善加利用，可說是魔女入門最重要的條件。

若能摘取自然生長的藥草當然很好，如果想移植，可先準備好如下頁圖的螺旋菜園，因為是具備多種條件的集約式菜園，所以可在不同位置種植適合的藥草。此外，像蕺菜或艾草可作為共生栽培的植物，但生命力很旺盛，注意不要讓它們侵佔其他蔬菜的生長空間。

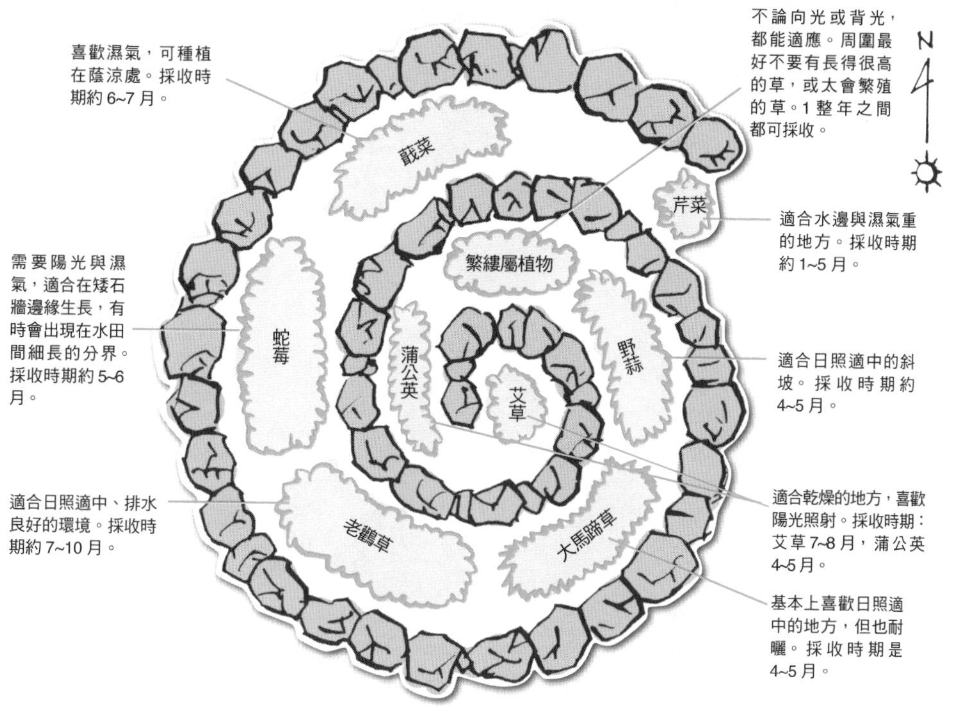

不論向光或背光，都能適應。周圍最好不要有長得很高的草，或太會繁殖的草。1整年之間都可採收。
喜歡濕氣，可種植在蔭涼處。採收時期約6~7月。
蕺菜
芹菜
適合水邊與濕氣重的地方。採收時期約1~5月。
繁縷屬植物
需要陽光與濕氣，適合在矮石牆邊緣生長，有時會出現在水田間細長的分界。採收時期約5~6月。
蛇莓
蒲公英
野蒜
適合日照適中的斜坡。採收時期約4~5月。
艾草
適合乾燥的地方，喜歡陽光照射。採收時期：艾草7~8月，蒲公英4~5月。
適合日照適中、排水良好的環境。採收時期約7~10月。
老鸛草
大馬蹄草
基本上喜歡日照適中的地方，但也耐曬。採收時期是4~5月。

藥草類螺旋菜園的設計範例。必須在植物根部大量吸收水份前，進行移植。以神奈川縣相模湖附近為例，最遲要在3月下旬前移植完畢。

食譜1 魔女繼承的秘傳超魔術水

小林妙子居住的相模湖附近，從很久以前就流傳著「超魔術水」配方，據說可治療皮膚病、腰痛等各種不適症狀。理想狀況是：從天亮到早上十點之間，摘取尚未開花的藥草，因為這時藥草具有豐沛的生命力。據說滿月的日子也適合採收，因為受月球引力的影響，此時大氣中的水分減少，利於進行乾燥。

首先採集蕺菜、艾草、老鸛草、車前草、蛇莓、款冬，這些植物從葉到根，全部都可利用。日曬2～3天（夏季只要1天），接著幾天風乾，然後將乾燥的植物用等量的水熬煮。放涼後裝盛在容器裡，在室溫下讓汁液自然發酵（夏季約1週，在冬季較不寒冷的時期，大約10天），並不時加以攪拌，如果有氣泡開始噗噗冒出，就把葉子去掉，將汁液放入冰箱。大約可保存半年到一年，平常可塗抹在身體覺得不舒服的部位。

實際試用後，可注意對身體與肌膚產生什麼效果，找出適合自己的用法，跟同好交換心得。

接下來，傳授大家「蛇莓魔法」與「木賊魔

開花前是藥草蘊含能量最豐富的時期。從降露珠的清晨到早上十點之間，是採集整株藥草的最佳時機。

法」。「蛇莓魔法」可用來治療皮膚病等症狀。首先在容器裡裝盛約三分之一到一半的新鮮蛇莓，然後注入等量白酒，大約醃漬3個月就完成了。可將調製出的汁液塗在患部。「木賊魔法」可塗抹也可食用，用途包括治療傷口、痘痘，調養肝臟或腎臟。首先準備好整株新鮮木賊，調製的方法跟「蛇莓魔法」相同。外用時直接塗抹汁液，內服時以100毫升的熱水稀釋1湯匙的木賊汁，即可飲用。

食譜2 使五感更敏銳的酵素果汁

4～6月間，動植物的生長趨於活躍，這時可參考前頁的插圖，摘取各種野生植物，試著自製野草酵素汁。

就像艾草的形狀類似血管，正好有益循環系統；據說其他長得像人體器官的植物，對身體也很有幫助。從這個觀點尋找植物也很有趣。此外，野草酵素汁不含市售蔬菜、肉類、魚類殘留的農藥與添加色素，只要稍微費點工夫調製，就能安心使用。

首先將土地上自然生長的野草（約3公斤）用水洗淨，剁細之後，拌入砂糖（3.3公斤）與麴（120

克）調勻。輕輕蓋上蓋子，置於陰涼處，放5～7天，每天用手攪拌（如果手部有傷口，請戴橡膠手套）。用竹簍過濾後，再利用紗布，不施力讓材料自然過濾1夜即可完成。如果在自製野草汁加入市面上販賣的「酵素之原」液（240毫升），可延長保存時間，也能降低失敗率。分裝入保存容器後，放入冰箱，保存期限大約1年。

另外，如果想製造可口的酵素，可用梅子代替野草，或者改用其他素材醃漬。6月時，不妨將青梅（3公斤）輕輕用水洗淨，以菜刀等物壓扁，再連種子一起整顆醃製酵素汁。

食譜3 飽含藥草魔力的晨露水

在降露水的清晨摘取植物，製成「晨露水」，可獲得植物最完整的能量。調製後每天擦拭肌膚，觀察有什麼效果。

以各種藥草製作完成後，應視膚質使用。適用各種膚質的基本配方，包括蕺菜、艾草、庫拉索蘆薈。蕺菜或艾草都是整株用水清洗，放在通風良好的地方，花半天陰乾；切成2公分後裝入容器，裝到半滿後，加入等量白酒。另外將長度50公分的庫拉索蘆薈切段，約2公分，加入1.8公升的白酒。如果要用木賊製作，應在5月～9月摘取，加上切成2公分的蕺菜，放到容器三分之一或二分之一的高度後，注入白酒。如果有種植2～3年的枇杷樹，可在11月～2月間摘取30枚深綠色的枇杷葉，放進容器，注入1.8公升白酒。

容器應先煮沸消毒後再使用，在冷暗處需醃漬3個月以上；最快也需要醃漬1個月。上述各種藥草水製成後，可參考下列比例調配。

建議配方 乾燥肌膚：蕺菜水、庫拉索蘆薈水、艾草水（比例為4比4比2），再加上幾滴甘油。普通肌膚：蕺菜水、庫拉索蘆薈水、艾草水、木賊水（比例為5比3比1比1）。油性肌膚：蕺菜水、艾草水、庫拉索蘆薈水、木賊水、枇杷葉水（比例為4比2比2比1比1）。

若覺得過於刺激皮膚，可利用隔水加熱，讓酒精揮發，並加點純水稀釋。這時可一次準備1個禮拜的份量，放在冰箱。在實際使用前，建議先作皮膚過敏測試。可先在兩腕內側塗抹少許，靜待數小時，觀察變化。如果會覺得癢，就只能微量使用。

3

認識土壤構造，製作簡易堆肥

培養土壤、設計水的循環

在樸門永續設計概念中，只要達成良好的水土保持，就能將地球的各種環境轉化為食物森林，這非常幾乎接近永續農法的實踐。此外，除了樸門永續設計之外，「土與水的循環」與各種有機農法原理都相通。

在本章開頭，我們會先說明土壤的相關基本知識及其作用。接下來再介紹如何具體達成土與水的循環，譬如製作堆肥養土、回收利用雨水與家庭排水、如何開闢庭池、怎樣開發迷你田畝等。

特別是關於堆肥，將詳細介紹幾種方法。譬如可在家裡輕鬆養土的「瓦楞紙箱堆肥」，活用生物資源的「蚯蚓堆肥」，以及徹底實踐循環式環保生活的「堆肥廁所」。

只要落實「土與水的循環」，就可以在自家形成可長期耕種、收穫的環境，不僅對環境友善，也可減輕經濟負擔；這些方法也適用於災害過後「重建環境機能」。

請大家視自家環境與生活方式，自行選擇適合的方法，不需要勉強，就當成一種生活樂趣。

土與水的循環，原先就需要在地球上的大環境長期累積才能形成。所以不需操之過急，慢慢花時間在家裡經營出樸門永續設計系統吧。

土壤的形成，與製造堆肥的方法

依作物適合的土質條件
選擇適合菜園的土壤

栽培作物最重要的條件是陽光、水、土壤。

土壤支撐作物，讓植物從根部攝取生長所需的氧氣、水和養份，非常重要。此外，土壤還可吸收太陽能蓄熱、調節溫度，避免溫度急速上升，提供作物適合的生長環境；土壤中的各種微生物也可抑制病原菌繁殖。

作物不可或缺的土壤，究竟是什麼樣的物質，又如何產生？

土壤由砂、火山灰、動植物的遺骸等物構成。岩石經過漫長的歲月，受到太陽照射及風雨吹襲而分裂，經河川沖刷後形成更細小的砂石。砂粒堆積後若加上火山灰等物累積，就可讓微生物棲息。微生物將二氧化碳排放入水中，使砂粒變得更細小。砂粒中溶出的無機物又形成細微的黏土粒子，經微生物分解後的有機物則形成黑色的腐植質。

由上述的砂、黏土、腐植質所結合的土粒或團粒結構，即為土壤。土壤的團粒間有水份與空氣，適合種植作物。

土壤的種類很多，如果要選擇適合菜園的土壤，應具備下列條件：

1 由柔軟的團粒狀土壤堆積而成。
2 飽含腐植質等天然養份。
3 氧離子濃度及pH值（110頁）範圍適合植物生長。
4 具有適度的排水性與保水性。
5 土粒、水、空氣的比例為2比1比1。
6 砂、黏土、腐植質比例適中、調合均勻。

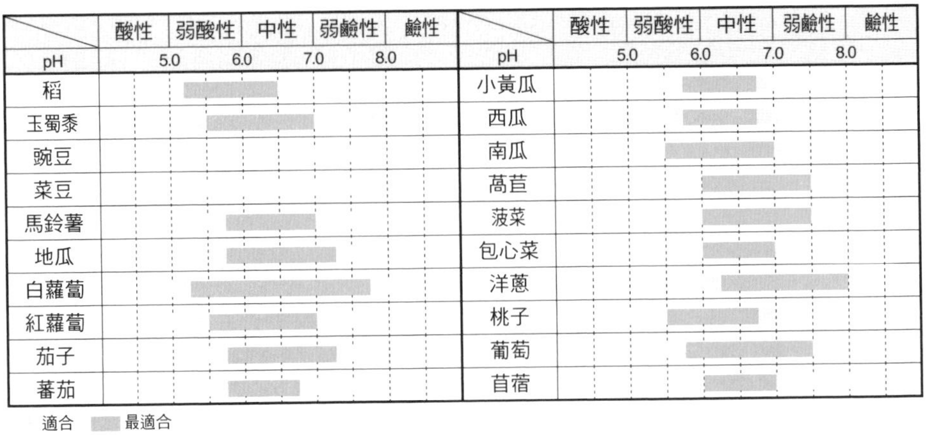

材料	含氮量 (%)	碳 / 氮比例	材料	含氮量 (%)	碳 / 氮比例
報紙	0.05	812：1	剩餘菜葉	3	18：1
木屑	0.11	511：1	牛糞	1.7	18：1
稻桿	1.05	48：1	雞糞	3.2	7：1
苜蓿	1.8	27：1	尿	8～15	0.8：1

(上表)各種作物適合的pH值範圍。(下表)碳與氮含量比率一覽表。
根據NPO非營利組織日本「樸門永續設計中心」提供資料製表

為土壤中的生物提供生態平衡的環境

一般的田地，每一千平方公尺約有七百公斤的土壤生物棲息在其中。有20～25％是細菌，70～75％是真菌類，5％以下是鼴鼠與蚯蚓等土壤動物。在這些七百公斤重的土壤動物中，共包含70公斤的碳、8公斤的氮，以及8公斤的磷酸。

這些土壤動物，會從土中的有機物分解出作物需要的養份，並儲存在體內，最後以糞便或遺骸的形式釋放到土壤裡。此外，土壤動物在地下挖掘的洞穴，可維持土壤的通氣性。

細菌包括「好氧性」細菌與「厭氧性」細菌，好氧菌只在有氧氣的環境活動，厭氧菌只在缺乏氧氣的環境活動。兩種細菌同樣會分解有機物，促成營養素循環；但好氧菌會在空氣中釋放氮氣，容易誘發植物疾病。

厭氧菌若活動頻繁，會釋放出一種碳氫化合物「乙烯」，對好氧菌產生抑制的效果。病原體對於乙烯也很敏感，會停止活動。於是當土壤中有這兩種細菌，就能交互產生循環，達到平衡。在其間過程，分解出土壤的養份，也抑制了植物的疾病。

在培育土壤時，計劃各項細節如：給予土壤生物足以維持生態平衡的環境、應提供多少養份、何時施肥等，都非常重要。

培育土壤的妙方：
善用殘枝落葉、廚餘製作堆肥

所謂堆肥，即是將菜園的零星菜葉等素材，經土壤生物分解、發酵後產生的循環系統。只要能善用堆肥技術，殘枝落葉等都能回歸土壤，因此堆肥技術符合樸門永續設計中的關鍵字「能量循環」，也是不可或缺的方法。在本書中，所謂的堆肥有兩種意義，一種是指堆肥本身；另一種是製造堆肥的設備，如堆肥箱。

由剩餘食材作成的堆肥，不像市面上販賣的肥料迅速促進作物生長。最好把它當成改良土壤的方法，經年累月讓土壤慢慢變得肥沃。也不要視堆肥為解決廚餘的手段，若能當作是在飼養土壤微生物，用心對待會更好。

首先將菜梗蒂頭材料等切成小塊，以便達到發酵、分解的效果，瀝乾後加入堆肥。如果家中有瓦楞紙堆肥箱，連魚骨頭都能徹底分解。若放入茶葉渣或香草植物，可防止堆肥腐敗及發出惡臭。若是蛋殼或鳥類的骨頭，就不需要放入堆肥箱，可先弄碎，以便分解、發酵，並直接埋入土裡。另外要注意，味噌與醬油含鹽份，土壤中的微生物無法適應，所以不要把烹調過的剩菜剩飯加入堆肥。在利用堆肥前，先養成不留剩飯的生活習慣，也很重要。

製作堆肥的要訣：
不可或缺的碳、氮、微生物、水和空氣

若想製作堆肥，土壤中要有含碳的有機物，還要有空隙包含水與空氣。這樣一來，土壤中會形成碳水化合物——也就是糖分，可促進細菌繁殖。

植物透過空氣中的二氧化碳吸收碳，由根部吸收氮。然後結合碳與氮，合成出構成細胞的蛋白質。

根瘤菌、藍藻等微生物與植物的根共生，並產生固氮作用。堆肥中的蛋白質經微生物分解成氮，又再度透過根部，由植物吸收。

通常土壤中的微生物，若從有機物分解出一百公克的碳，也必須消耗5公克的氮。也就是分解碳與消耗氮的比例為20比1。

所以當土壤中的碳含量是氮的20倍以上時，氮會在微生物體內徹底消耗掉。若碳與氮的比例在19倍以下，有些氮會殘留在土中，無法讓微生物吸收。

若土壤中的碳含量高，可調整空氣中的含水量、促進好氧性細菌活動，分解堆肥中的蛋白質，在土壤中釋放氮與碳，其中氮又可透過植物的根吸收。

只要瞭解上述碳與氮的特性，就可透過選擇堆肥材料，掌握土質碳與氮的比例。製作堆肥的過程，也就是「將有機物分解成植物可吸收的氮」的過程。

適度攪拌堆肥
注意溫度、濕度和放射菌的作用

堆肥的素材如果水份過多，容易使蛋白質氨化發臭；但水份太少，也會影響微生物活動。如果用手握，不會出水時，水份就算適中。不過要是採用瓦楞紙箱堆肥（117頁），還是稍微乾燥一點比較好。

在堆肥中活動的細菌主要是好氧性細菌，因此需要時常反覆攪拌堆肥，讓空氣進入，加速堆肥分解的速度。不過也不要過度頻繁，否則會促使好氧性細菌活性化，把氮排放到空氣中、溶進水裡。所以要適可而止。

堆肥內的溫度在攝氏20～40度之間，最適合細菌活動。超過65度時，所有的微生物都停止活動，陸續死亡。

放射菌就是在枯葉堆或腐朽的倒木間，會產生的白色菌落。在瓦楞紙箱堆肥或堆肥廁所（122頁）等場所，放射菌是促使堆肥中的微生物開始分解、發酵的重要菌種。不妨在開始製作堆肥時，去落葉堆與腐朽的倒木間，尋找放射菌落吧。

13 層積堆肥

改善各種土質、形成作物的養分

目的與效果

利用各種有機物
加速自然變遷、豐富土壤

層積堆肥就是以多層有機物覆蓋，這些有機物經過分解，形成作物的養份。這是根據樸門永續設計的關鍵字「加速自然變遷」衍生的技術，利用現有的雜草，加速分解的速度，培育優質的土壤。

層積堆肥需要多種材料，與大規模的農場相比，更適合小型家庭菜園。完成後就可省下施肥、除草、灑水的工夫。

持續維持層積堆肥，可讓土中的生態系統更豐富，而且比較不會發生連作障礙，也可隨機種植多種植物。這樣的栽種方式符合「多樣性」，當土壤中的生物產生食物鏈，就會抑制害蟲生長。

製作層積堆肥的秘訣：
維持適當濕度，促進微生物活動

依照次頁說明製作層積堆肥，讓許多蚯蚓與微生物分解有機物，形成養份豐富的土壤。

鋪完層積堆肥之後，馬上就可以移植種苗，將馬鈴薯的塊莖、菜豆與豌豆的大顆種子埋下。在剛製作層積堆肥的第一年，土壤還很硬，適合培育較小的種子與根莖類蔬菜。在一年生作物收成後，可將作菜剩餘的菜梗殘葉或米糠等材料加入層積堆肥，很快就會分解、發酵，形成養份充足的堆肥。

製作層積堆肥的重點，在於維持適當濕度，促進微生物活動。如果通氣性不佳，容易滋生蛞蝓與霉菌，所以最好不要把土層壓實，可在土壤中添加木屑，讓空氣流通。以下介紹層積堆肥、落葉堆肥的整套作法。

層積堆肥的製作方法

將含氮量高與含碳量高的土層交錯重疊，製作出約4層的層積堆肥。如果想在一天之內連續鋪完4層也可以。
剛製作堆肥時，雜草不會生長，在第2年時就可以種植葉菜或小粒種子的作物。
約間隔2~3年製作一次層積堆肥，是最恰當的時機。

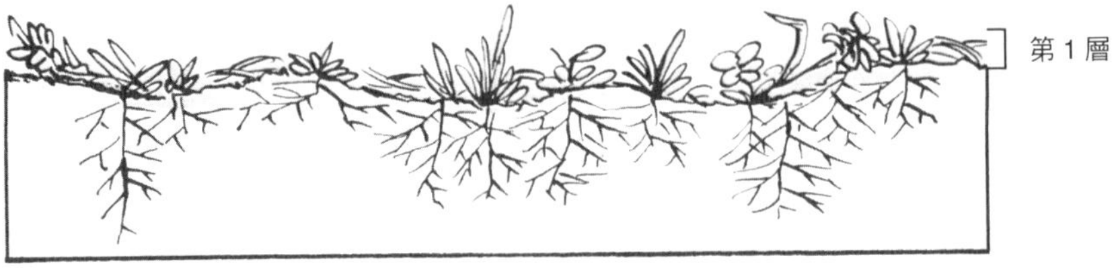

第1層　割下的野草。鋪上含氮比例高的素材：雞糞、剩餘的菜梗菜葉、果皮等。
蚯蚓可加速土壤分解。＊碳與氮的比例請參考第110頁。

↓

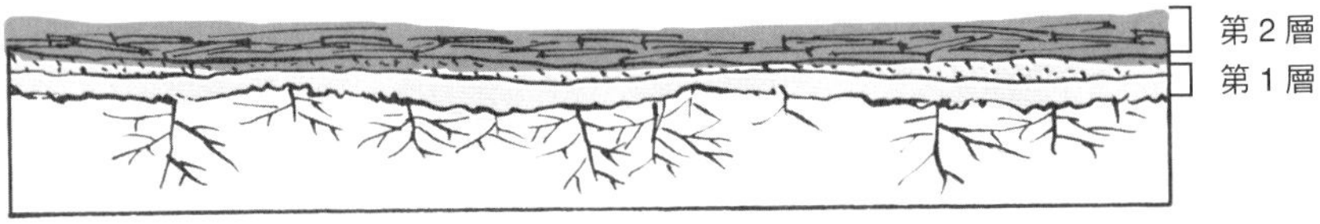

第2層　鋪上含碳量比例高的材料：報紙、瓦楞紙、綿布、羊毛、絹。
為了不讓風吹跑，可用水浸溼。

↓

第3層　再加上割下的野草，鋪上含氮比例高的素材：
雞糞、豆科植物的葉子、海藻、剩餘的菜梗菜葉。

↓

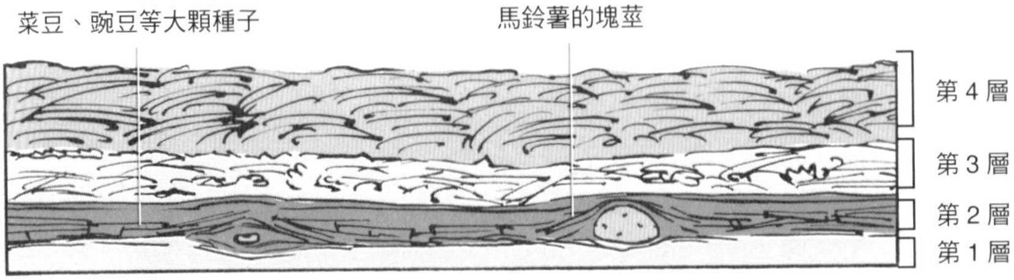

第4層　含碳量比例高的材料：稻桿、曬乾的草、稻殼。為抑制雜草生長、保持濕氣，
需要有15公分的厚度。在堆肥結束後、可立即播下大顆的種子。
若要種小顆種子或根莖類蔬菜，請等到第2年以後。

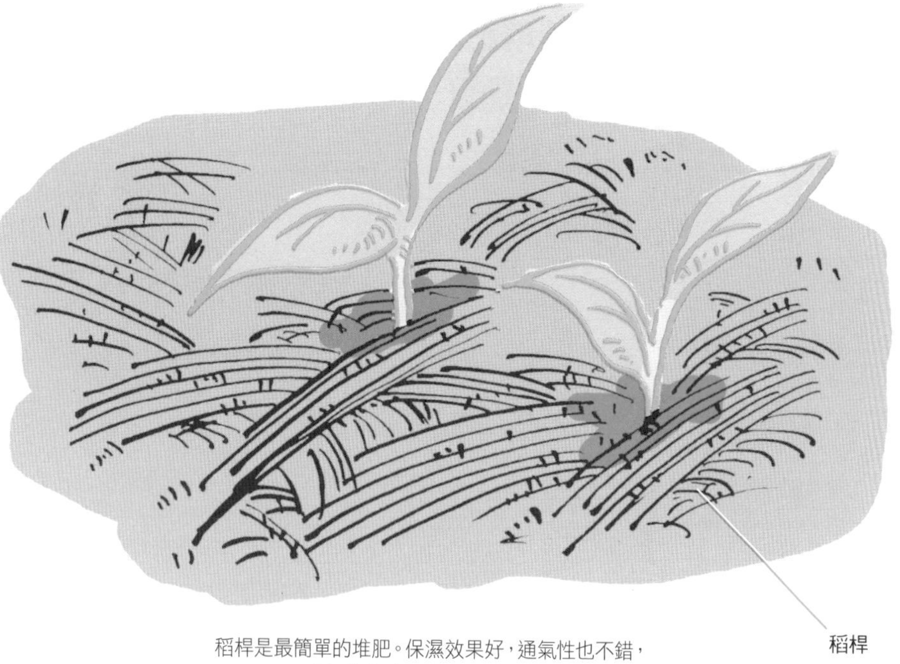

稻桿是最簡單的堆肥。保濕效果好，通氣性也不錯，
分解後就成為土壤的一部份。

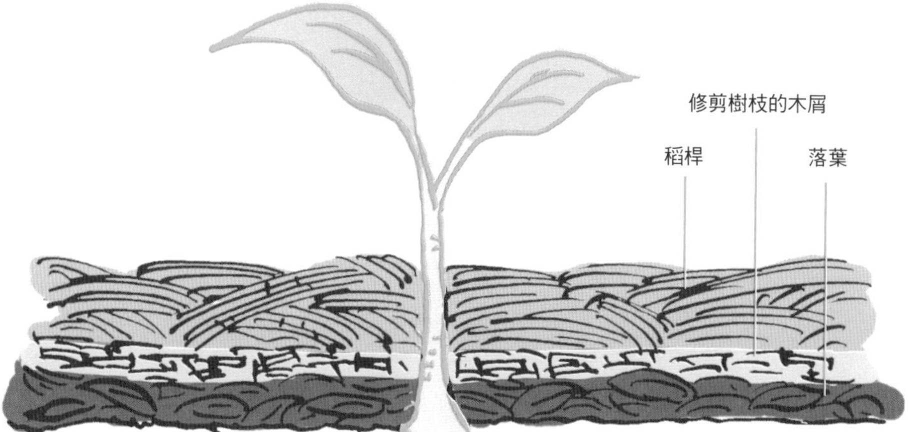

有機栽培農家建議的方法，以落葉+修剪樹枝的木屑+稻桿疊成層積堆肥。
為補充氮素，可在一開始先將雞糞鋤入土壤。

落葉堆肥的製作方法

以落葉、米糠、雞糞層層堆積，製成落葉堆肥，可運用在菜園或苗床。

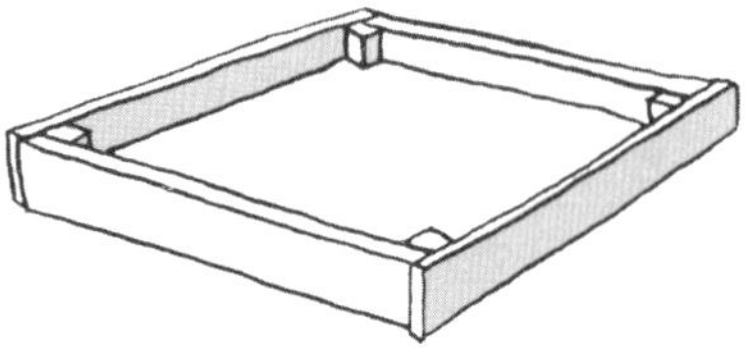

1 根據園圃大小及落葉量，先製作出高 30 公分的木框。

2 在木框中放入闊葉木的落葉。也可以試著跟學校或公園索取準備丟棄的整袋落葉。

3 雞糞與米糠（含氮比例高）灑在落葉（含碳比例高）上，兩者的比例約 1：10~20，灑水後再覆蓋上落葉。

4 用腳踏，讓剛才澆在落葉上的水滲出。等木框中的落葉乾燥結塊後，可將木框取下，重覆步驟 2~4 的作法。

5 落葉累積到人可以踩上走下的高度後，就可以把木框取下，將落葉堆靜置半年，再把它攪散。再靜置半年後，就化成土了。如果要作為苗床（145頁）的素材，合計共要放上 2 年，讓落葉分解更細。

14

瓦楞紙箱堆肥

把菜梗、果皮輕鬆化為堆肥

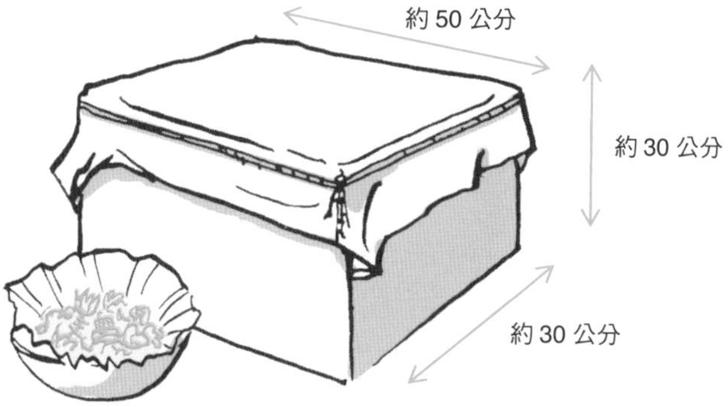

圖為瓦楞紙堆肥箱與裝菜梗果皮類的不鏽鋼碗。可在碗裡墊報紙或廣告傳單吸收水份。

製作瓦楞紙堆肥箱的素材（瓦楞紙箱與報紙、腐葉土、米糠、油粕）及步驟。（詳細說明請參考次頁）

輕巧、方便的瓦楞紙箱堆肥

瓦楞紙箱堆肥的製作方式很輕鬆，可依照下列次序完成（請參考前頁圖）。

1 準備好堅固的瓦楞紙箱，長度約50公分，寬度約30公分，深度約30公分，底部用膠帶固定。

2 為強化底部，再鋪上一片瓦楞紙板，大小約裁成跟紙箱底相同。

3 將上方的蓋子直立，並以膠帶固定。

4 在紙箱內再疊進一個瓦楞紙箱，作為補強。

5 準備好要鋪在紙箱裡的報紙，份量約等於2份報紙，折成跟紙箱底部相同大小。

6 在架好的雙層瓦楞紙箱底鋪上報紙。

7、8 5公斤的腐葉土、3公斤的米糠逐漸交錯倒入紙箱，並攪拌均勻。如果加入放射菌（112頁），會分解得更快。

接下來要說明使用方式。在不鏽鋼碗底鋪上紙質較厚的廣告傳單，盛上切成2～3公分大小的新鮮剩餘食材，讓紙吸收水份。在把剩餘食材加入堆肥時，有很多必須注意的細節，請回頭詳讀第111頁之後，再開始進行。

9 第1次作堆肥的時候，先在中央挖洞，加入適量米糠，再放進一把剩餘食材，攪拌均勻；接下來加入適量的油粕，再放進一把剩餘食材，攪拌均勻。請重覆上述步驟，直到準備好的菜梗蒂頭果皮類用完為止。如果戴著橡膠手套進行作業，會比較順手。

10 第2次製作堆肥，就要在紙箱的四個角落挖洞，並依照步驟9的方法加入剩餘食材；在冬季兩天1次，夏季每天1次。

11 堆肥是利用好氣性細菌發酵，因此要保持通風良好。為了避免蟲類鑽入，可在紙箱頂蓋綿布，並用繩子固定，不留空隙。

12 為了避免陽光直射及擋雨，可掛簾子遮蔽。如果放在戶外通風良好的屋簷下，可持續連用5年以上。

當分解持續進行，箱子裡的土壤漸漸增加，可將土壤取出，裝入有放腐葉土的塑膠袋，放置1個月以上，讓土壤繼續分解。在播種或植苗2週前可先加入苗床，作為肥料，或當成補充的肥料，加入菜園。

15

蚯蚓堆肥

製造良質土壤

蚯蚓的糞便有助於形成土壤的團粒結構，可形成優質的堆肥，
使作物生長良好。

目的與效果

蚯蚓可把剩餘食材轉化為優質的堆肥，讓土壤變肥沃

很多人都知道，蚯蚓可讓土壤變得更肥沃。藉由蚯蚓的力量，把剩餘食材化為堆肥，因此正符合樸門永續設計的關鍵字「能量循環」。

首先將堆肥整頓成適合蚯蚓居住的環境，給予新鮮的食材屑，讓牠們吃下後分解為糞便，形成優質的堆肥。就這點來說，蚯蚓是家庭菜園重要的生物資源，不但維護生態且不會製造臭味。

與其他利用微生物製作的堆肥不同，可直接觀察進行分解中的生物狀況。除了將新鮮食材屑化為堆肥，回歸菜園，也讓人感受到生物的力量，這也是蚯蚓堆肥帶來的樂趣，讓人想要小心照顧。

材料與製作方法

以3層箱子，重疊為蚯蚓的家

製作蚯蚓堆肥時，請準備3個尺寸相同的箱子，重疊使用。箱子的大小要能裝500公克剩餘食材，所以長寬各30公分，高約18公分。在製作堆肥前，先掌握自家一天會產生的菜梗蒂頭碎葉量，箱子的質材只要能堆疊，選擇木頭或塑膠都可以。

在最上層放入新鮮的剩餘食材，中層主要是蚯蚓棲息的地方，下層讓蚯蚓的糞便形成堆肥。將上層、中層箱子的底部拆掉，釘上網子，就能讓蚯蚓吃飼料，並排便至下方。

為了讓環境適合蚯蚓居住，上層與中層要儘可能多放鋸屑或剪碎的稻桿，這些都可化為堆肥，也有防止剩餘食材散發異味的效果。如果可以先添加少量的砂子，有助於蚯蚓消化，還可增添堆肥中的礦物質。

在最上層可加蓋子，預防蟲類入侵。為了讓箱內有足夠的氧氣，記得也要稍微設置換氣孔。在蚯蚓堆肥箱下層會累積出優質液肥，所以要設置排放液肥的出口。

使用方法

如何善用蚯蚓堆肥

蚯蚓堆肥適合養縞蚯蚓或紅蚯蚓。由於釣魚時可當誘餌，有業者販售本土蚯蚓，大家可上網查詢看看。若是在庭園常見的巨蚓科蚯蚓，由於不會吃生菜渣，不適合作為蚯蚓堆肥。平均若每天要消化500公克的廚餘，需要兩千隻蚯蚓。

放置蚯蚓堆肥的場所，適合一整年溫差小、溼暗的地方。若隆冬要禦寒，也可移至屋內。

平時可用噴霧器朝蚯蚓棲息的中層噴點水，或是在上層鋪上撕裂的報紙，保持適當濕度。如果濕度過高或食材放太多，會出現水虻的幼蟲；這時除了散發惡臭，蚯蚓也會死亡，因此要特別注意。

請趁作菜剩餘的材料仍新鮮時，放入蚯蚓堆肥。但像蔥或大蒜等蔥科植物、柑橘類的果皮、容易腐壞的肉、魚、乳製品、油類都不可以添加進堆肥。

中層如果堆積糞便，會對蚯蚓本身有害，因此要適時取出，作為堆肥撒入菜園。

蚯蚓堆肥的作法與構造

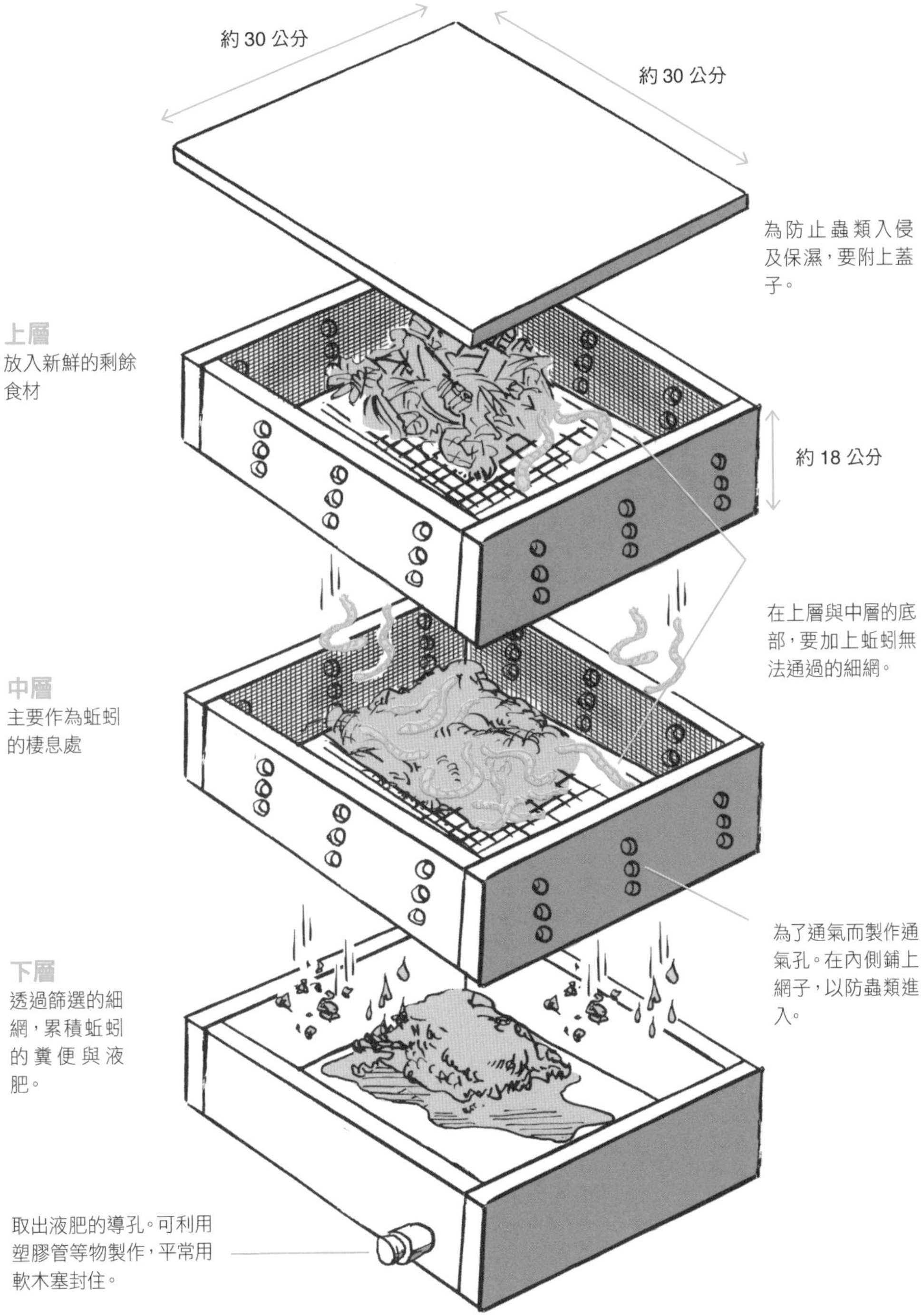
約 30 公分
約 30 公分
為防止蟲類入侵及保濕，要附上蓋子。
上層
放入新鮮的剩餘食材
約 18 公分
在上層與中層的底部，要加上蚯蚓無法通過的細網。
中層
主要作為蚯蚓的棲息處
為了通氣而製作通氣孔。在內側鋪上網子，以防蟲類進入。
下層
透過篩選的細網，累積蚯蚓的糞便與液肥。
取出液肥的導孔。可利用塑膠管等物製作，平常用軟木塞封住。

16

堆肥廁所

將排泄物轉變為作物的肥料

目的與效果

不需用水，就可形成能源的循環

堆肥廁所的原理，是將人的排泄物（糞便與尿）藉微生物的力量轉化為堆肥。用堆肥培育作物、收成後食用，以形成循環，可說是最簡單又效果顯著的堆肥。目前因全世界水資源枯竭，人們開始注意堆肥廁所的效益。

日本的水資源豐富，下水道系統發達，藉由化糞池處理排泄物看來理所當然。但在江戶時期，曾有利用排泄物施肥的下肥系統。農家購買町人的糞尿作為肥料，用來栽培作物，解決了江戶時期的重要都市問題。至今不僅有相關法令，下水道與化糞池等污水處理系統已相當普及。

現代化的污水處理系統除了耗水，也需大量消耗電力與化學藥物等資源。在人口密集的城市，污水處理系統的確是有效率的處理方法；但在水源不足且人煙稀少的山地，反而變成低效率的作法。

日本為了朝循環型生活發展，已在山地或水源凍結的寒冷地帶、公園等地導入堆肥廁所。也有人利用網路，從國外引進整套的DIY用品，供別墅等場所使用。

若想實踐樸門永續設計，卻將有用的資源排入污水處理系統，實在有點浪費。如果家裡有餘裕在菜園裡設置堆肥廁所，請試著製作看看吧。

設置堆肥廁所的場地，建議在家與菜園中間。但要避開南斜面西曬或高溫處。

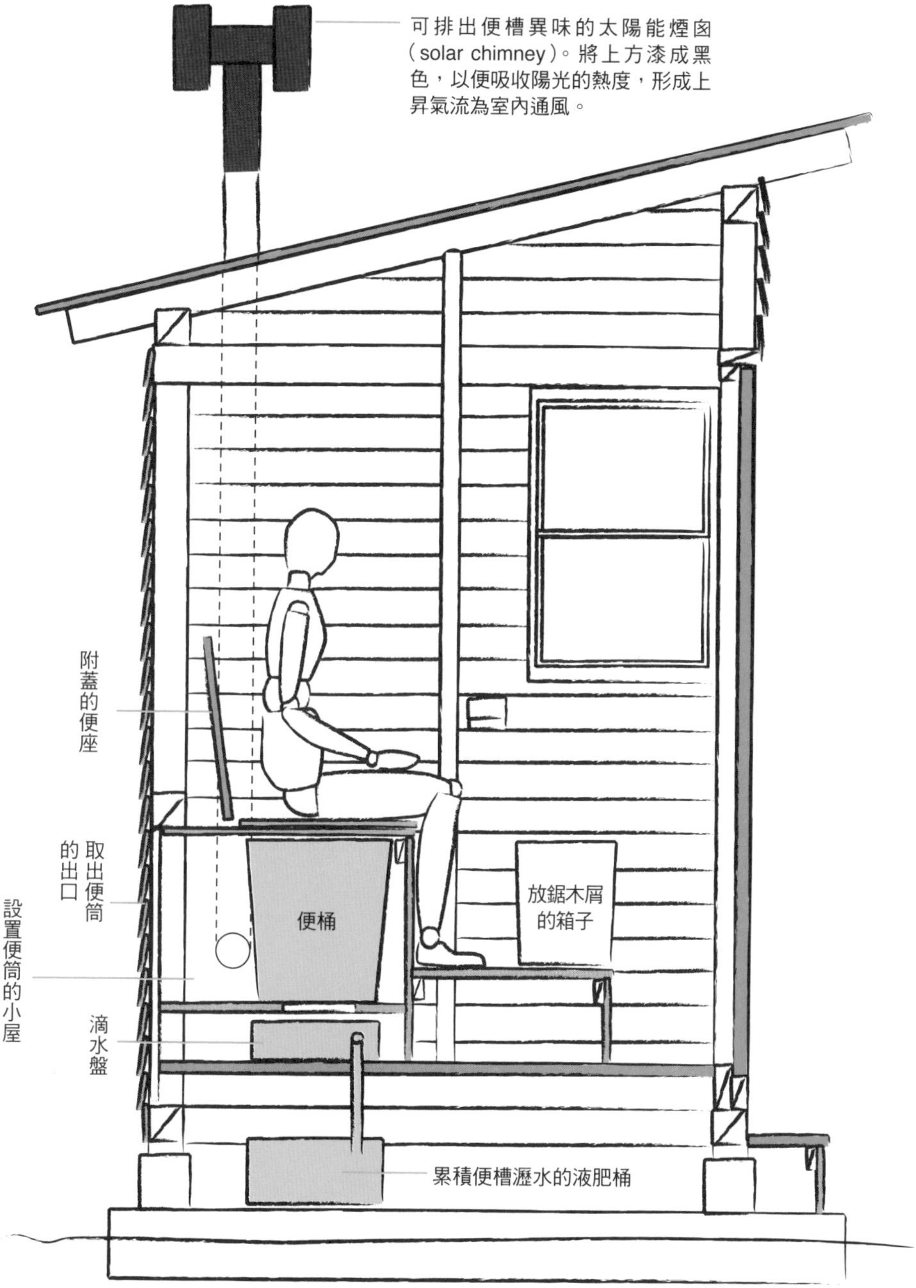

堆肥廁所剖面圖。約佔 1 坪地大小。

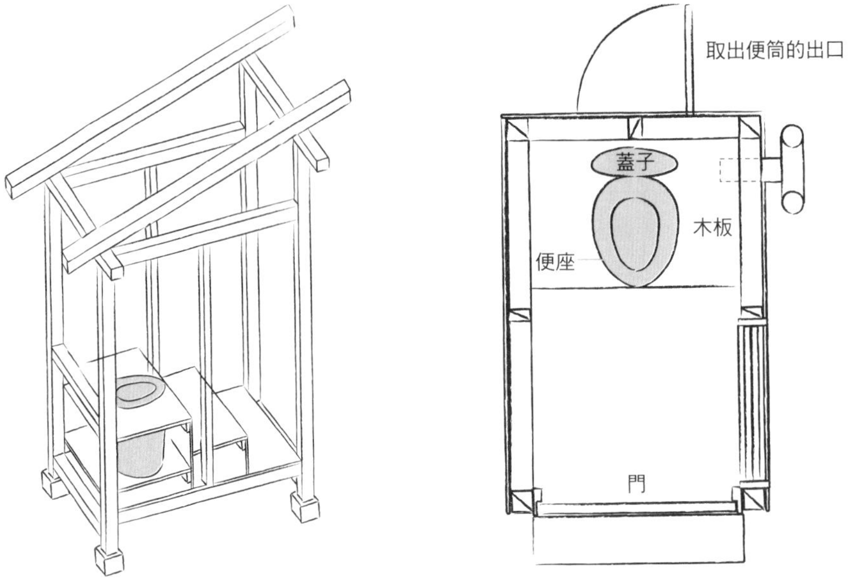

木製堆肥廁所構造的平面圖（右）與透視圖（左）。

利用微生物，將排泄物轉變為堆肥

堆肥廁所的原理，是利用微生物的作用。藉由在便槽（排泄物）中，投入鋸木屑或衛生紙等含碳量高的東西，讓微生物充份發揮作用，進行分解，於是形成堆肥。

能分解排泄物的微生物稱為好氧性細菌（110頁），活動時需要氧氣，藉由好氧性細菌的作用，可促進有機物分解。

與好氧性細菌相反的是厭氧性細菌，即使沒有氧氣也可以生存，譬如大腸菌、甲烷菌、硫桿菌等各種細菌。

過去的茅坑會發出惡臭，是因為水份過多且缺乏氧氣。因此好氧性細菌不發揮作用，厭氧性細菌分解出尿素，形成阿摩尼亞味。

因此，如果儘可能讓排泄物的固體與水份分離，提供氧氣，就能避免形成惡臭，製造優質的堆肥。

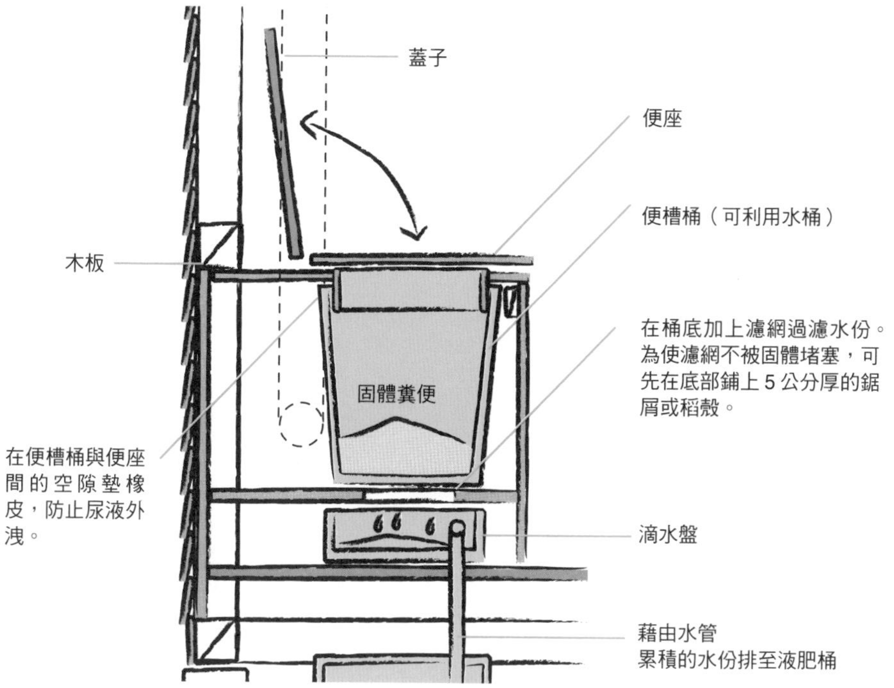
蓋子
便座
便槽桶（可利用水桶）
木板
在桶底加上濾網過濾水份。為使濾網不被固體堵塞，可先在底部鋪上5公分厚的鋸屑或稻殼。
固體糞便
在便槽桶與便座間的空隙墊橡皮，防止尿液外洩。
滴水盤
藉由水管
累積的水份排至液肥桶

便槽裡裝入排泄物後，如何將固體與水份區隔。

堆肥廁所的簡單構造法

近年來，市面上有販售為糞與尿設置各別入口的堆肥專用便器。本書介紹的是將糞與尿裝在同一便桶，將固體與水份瀝乾的堆肥廁所製法。

如上圖般，在累積固體糞便的桶底設置濾網，在網上鋪上約5公分厚的鋸木屑或稻殼，用來過濾水份。濾出的水份滴在桶子下方的滴水盤，以水管排至液肥桶等處。

每次上完廁所後，都要把鋸木屑或衛生紙投入便桶，埋過固體糞便。因白色的紙含氯，所以要儘量選擇未漂白處理過的紙。除了鋸木屑以外，若有稍微大一點木屑也不錯，空隙可容納更多空氣，提供氧氣。

好氧性細菌適合溫暖的環境，因此在寒冷的地方或冬季，必須幫便槽保溫。

由於鋸木屑或木屑的作用，便槽不太有什麼異味，但還是要為小屋設置太陽能煙囪（參考123頁），以促進換氣。藉由將煙囪上方塗黑，經日曬

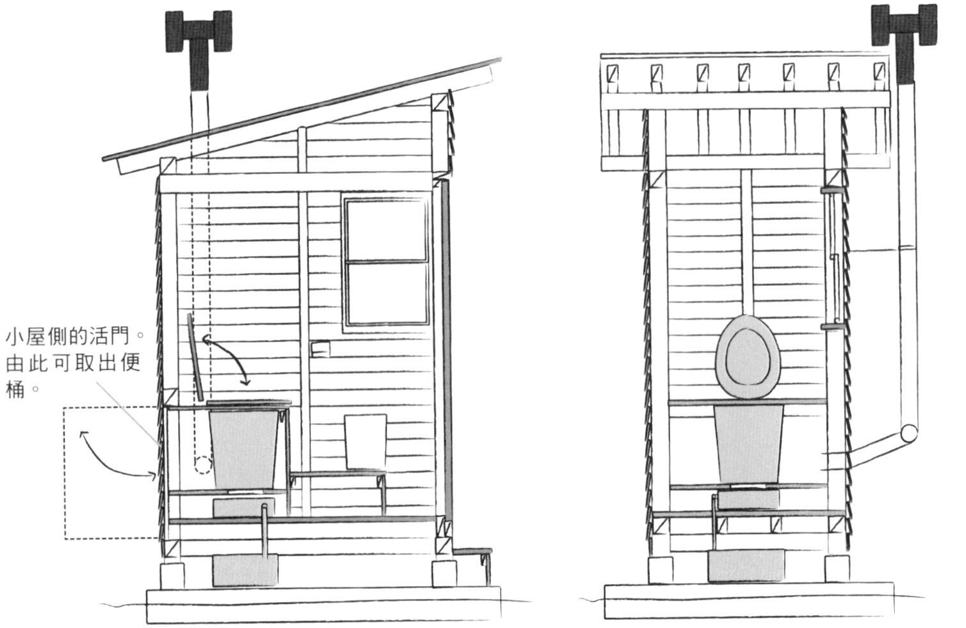

以木柱構成的堆肥廁所小屋（剖面圖）。

後可提高溫度，形成上昇氣流。

特別要注意防蟲措施。由於便槽小屋是密閉空間，所以不要忘了蓋上蓋子，在太陽能煙囪裡也別忘了裝防蟲網。

124頁圖呈現由木軸搭建的堆肥廁所小屋，只要有1坪空間就足夠。小屋裡要稍微預留空間，放置鋸屑箱。再如前頁，在小屋中可設置木板座，中間挖洞供上廁所用，並設置可開闔的蓋子。便桶與便座中間的縫隙要用橡膠填滿，橡膠的下擺仍維持在便桶內，避免尿液濺出便桶外。依上圖所示，在小屋側面要設活門，專為取出便桶用。

活用方法

作為菜園、果樹園的肥料

堆肥廁所瀝出的液體，一定要用水稀釋後，再澆在菜園與果樹園裡。

固體排泄物分解為堆肥後，先加土攪拌均勻，靜置數週後再使用，效果會比較好。

若想為果樹施肥，要距離根部20公分以上。因為當堆肥附著在樹根，可能會導致根部腐爛。

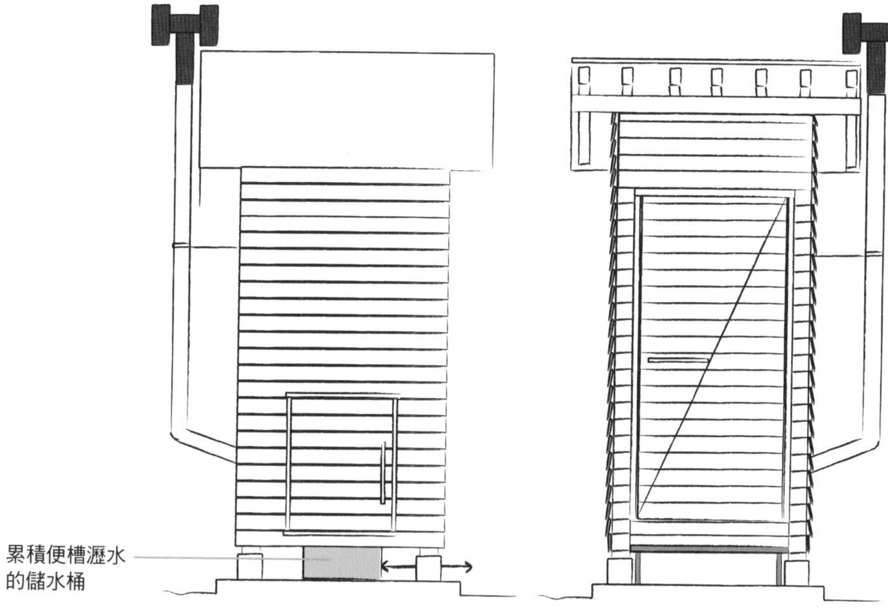

堆肥廁所的正門（右）。取出便桶的活門（左）。
若要取出累積便槽瀝水的儲水桶，請依圖示方向。

17

活用生命泉源——水的循環

儲存雨水、回收家庭用水

雨水、家庭用水，都可循環運用於庭池、菜園的灌溉

灌溉菜園、形成地下水具有防災功能

地球可說是「水的星球」，水循環與太陽同為生命的源頭。

海水經蒸發後，形成雨水滋潤陸地，降至山林後沖刷出礦物質等有機物，人類以水灌溉農田，發展出永續農業的基礎。田園中飽含養份的水流入河川後，又回歸到海洋。

然而，在現代生活環境中，雨水才剛滲入土地，馬上就從地表或柏油路匯流到下水道，直接排放至海洋。另一方面，一般人也習慣用自來水灌溉家庭菜園；自來水經消毒、淨化，耗費更多成本，其實也很浪費。

如何利用大自然中的水循環，並融入家庭菜園？答案就是利用雨水與回收用水。

所謂「利用雨水」正如字面上的意思，就是儲存雨水，運用在各種地方。包括灌溉作物，供庭池（132頁）使用，在忙完農事後清洗用具，夏季雨量少時在地面撒水等。

最簡單的儲水法，就是利用防水布或長盤集雨，導入池子或水甕裡。

若想回收家庭用水的話，泡澡剩下的洗澡水或洗手水等，可在澆水或清洗污垢時再度利用。用水桶舀洗澡水來澆灌作物，自古流傳至今。若家中的菜園規模小，利用洗澡水應該已足夠。

當大家提倡對環境友善的綠色環保生活，持續討論如何省電，可別忘記：透過節約自來水達到節能的效果，也很重要。

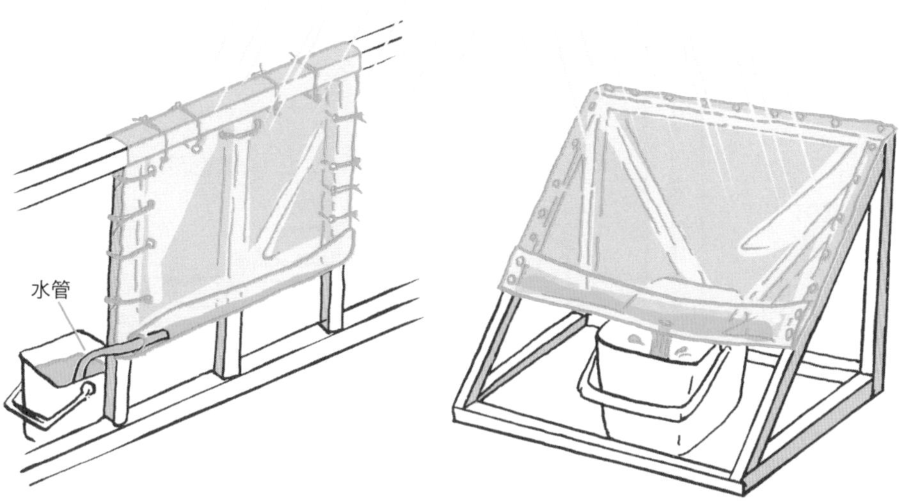

利用防水布集雨，並導入水桶的裝備（右）。利用欄杆，設置以防水布收集雨水的設計（左）。折疊防水布邊緣，接上水管，就可收集雨水。防水布面積越大，就越能在短時間匯集雨水。

面對氣候變遷、天災的隱憂，重新思考雨水、回收用水的利用

近年來都市用水日漸不足，利用雨水與回收用水，不僅是改善方法之一，也可望作為應變豪雨及火災、地震等天災的對策。

豪雨是近年來特有的氣候異常現象之一，在短時間內集中降雨在某個地區。原本雨水降到地表後，會滲入地底形成地下水，並儲存在地底，但都市的地表沒有土壤，雨水無法滲透到地下。原本河川會匯集雨水運往海洋，因豪雨導致河水氾濫，也造成柏油路上出現濁流，引發災害。這些都是現代都市的隱憂。

只要透過儲存雨水、灌溉菜園並形成地下水，就可以藉由人力，促成自然循環的一部份。這也正是樸門永續設計的目標——與自然合而為一。而雨水與回收水的利用，正符合關鍵字「能量循環」。

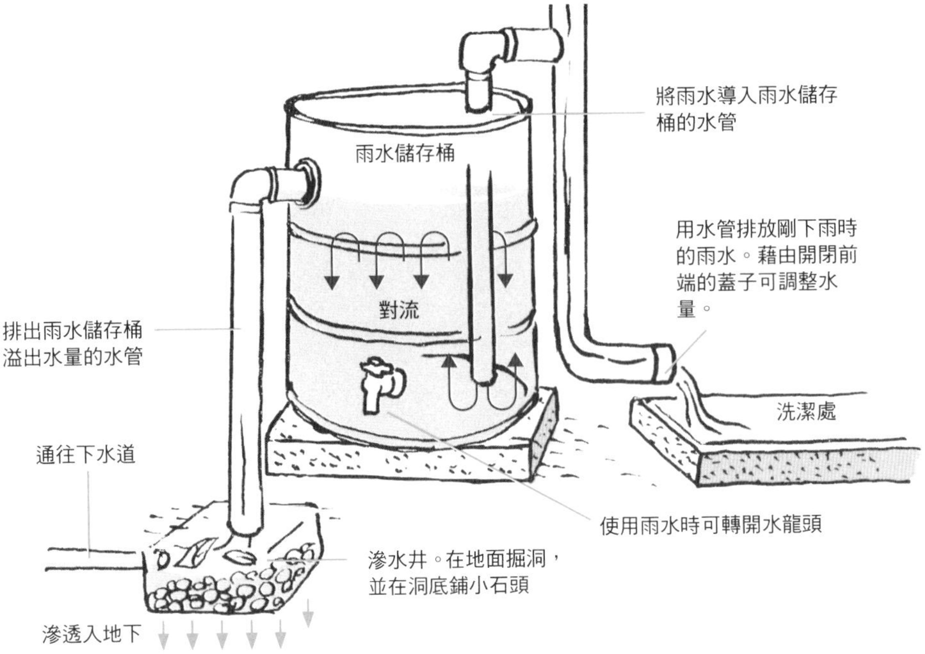

圖為雨水利用系統，可供菜園、庭池、一坪水田使用。先將剛下雨時的雨水排出，然後將水存入儲水桶，或通過滲水井滲透至地底，多餘的水會流到下水道。

儲水桶的簡易製作法
可儲水、又可滲透地表

設置雨水儲存桶時有兩個要點。首先是要選擇什麼樣的儲水桶，以及如何入手。其次是如何讓雨水流入儲水桶，又怎樣讓溢出的雨水滲入地表。

首先介紹如何製作儲水桶。

現在要購買水塔確實有很多選擇，但我們儘可能利用廢棄物加工製造。譬如前頁插圖就呈現簡單的雨水收集方法。

在此以78頁的花園莊為例，介紹他們設置的雨水利用系統。

首先是儲水桶，採用裝進口洋酒的200公升塑膠酒桶。如果是選擇500公升的酒桶，使用上綽綽有餘，不過複合菜園僅需200公升就已足夠。

其次，在雨水從屋簷流至儲水桶前，有件事也必須注意。在剛開始下雨時，先讓雨水沖刷掉屋簷上的泥沙與垃圾，把雨水直接排掉，暫時不要導入儲水桶。先打開排水管末端的蓋子放水，關上蓋子後

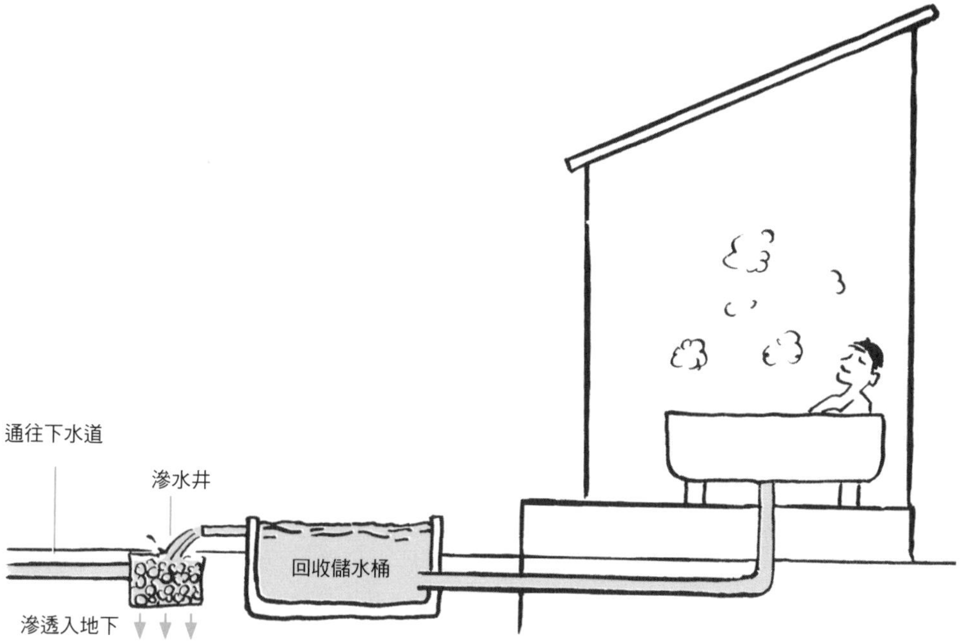

利用浴缸排水，形成回收用水系統。從回收儲水桶排出的水，可透過滲水井滲入地下，無法滲透的水會從下水道排出。

就可在儲水桶裡儲水。

藉著將乾淨雨水導入桶底的過程，可讓桶裡的水產生對流作用，若有枯葉等物會浮起。接下來，從雨水塔上方排出含枯葉與細砂的水，從水管流至滲水井。若還溢出更多雨水，將排入下水道。

這個構想由渡邊先生提出，自行施工。製作時需要專門的工具與材料，而且200公升也意謂著200公斤的重量，儲水桶下方應設置堅固的基礎與底座，為避免翻倒，必須用鐵絲固定。假設自己不會製作，委託專業人員也是個辦法。

另外也有一種設計，讓洗澡或洗手的水流入回收水槽。在這種情況下，一定要留意是否用過肥皂。若排水包含清洗肥皂的水，必須設置淨水槽才能安心使用。若是經淨化的回收用水，也可以用來清潔廁所。

18 庭池

設置小池塘，聚集各種動植物

配置與用途

打造庭池 增進生物多樣性

如果在菜園附近設個小池塘，會比只有菜園時增加更多種動植物。這正符合樸門永續設計的關鍵字「邊緣效應」，並促進生物的「多樣性」。

庭池可與螺旋菜園（51頁）搭配，或設在其他菜園旁。如此一來，池塘中的青蛙與蠑螈會吃掉害蟲，達到「活用生物資源」的效果。

庭池內可種植食用的蓮藕與菱角，以及有固氮作用又能當綠肥的滿江紅（Azolla）。

小池塘的水溫很容易上升，不適合栽培作物或飼養小魚，最好闢在陽光直射不到的地方。但如果能讓雨水打入池塘，有利於池塘的水循環；所以庭池或可搭配棚架遮陽，在這方面多下點工夫。

材料與道具

利用廢棄物 天然材料就可搭建

製作庭池的素材如下。可事先備齊再開始動工。

舊輪胎　可向加油站或修車廠詢問，要到舊輪胎後，切下其中一面。

鋪在池底的砂　用河砂平鋪在池底。

池塘用的防水布　如果有池塘專用的防水布最好，但如果採用其他防水性佳的素材也可以。但防水布經紫外線照射後，壽命容易縮短，挑選耐紫外線的質材，可維持較久。

圍在外緣的石塊　儘量選擇平坦的石塊。

鏟子　前端呈尖型的鏟子較合適。

水平儀　確認池子是否製作平整。

長約1.8公尺的木條　在池塘兩端架上木條，上面放置水平儀，確認池塘外圍是否等高。

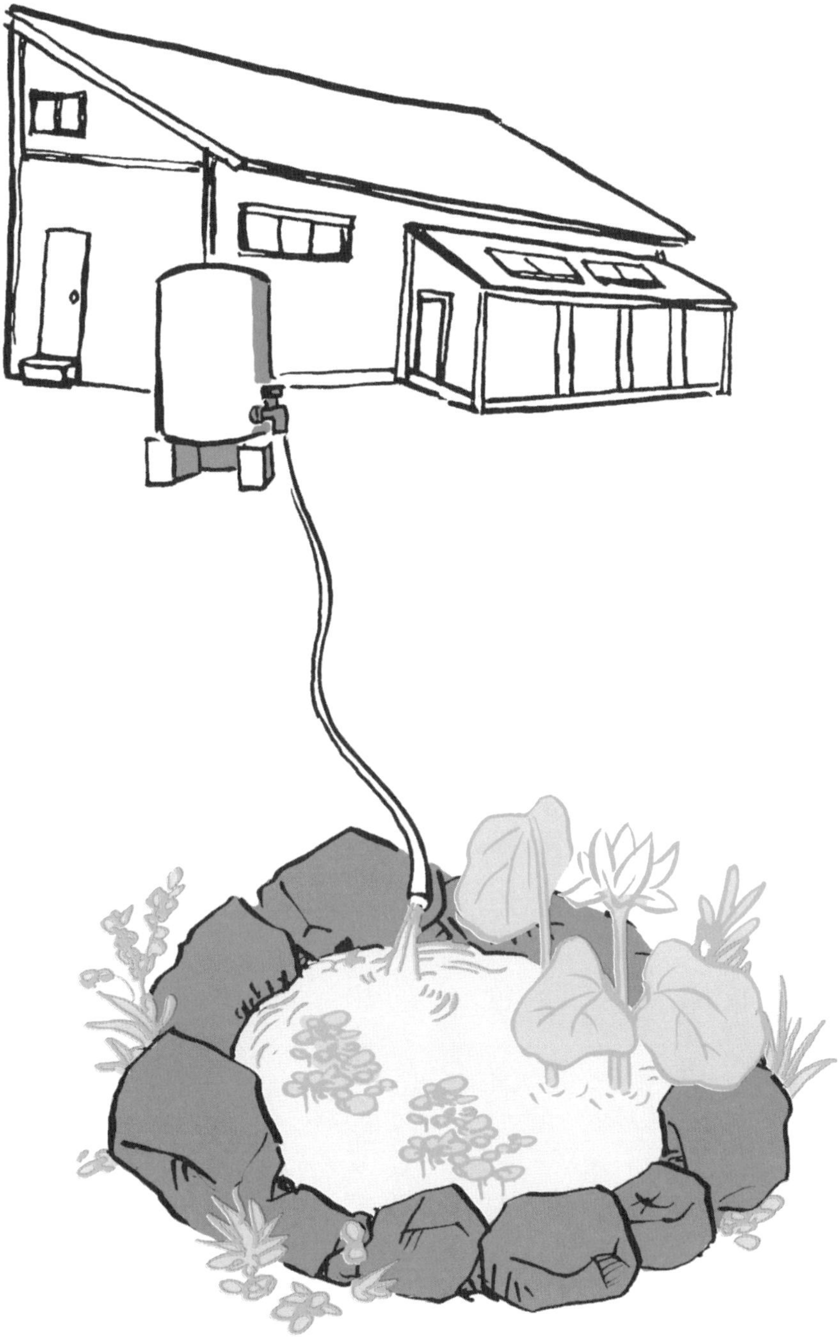

庭池符合「邊緣效應」，可促進生物多樣性。設置庭池時，要讓雨水能直接落進池塘，若在雨量少的時期，可從雨水儲存筒引水入池塘。如果種蓮藕，還可以觀賞蓮花。如果家中有小孩，注意別讓小朋友掉進池裡。

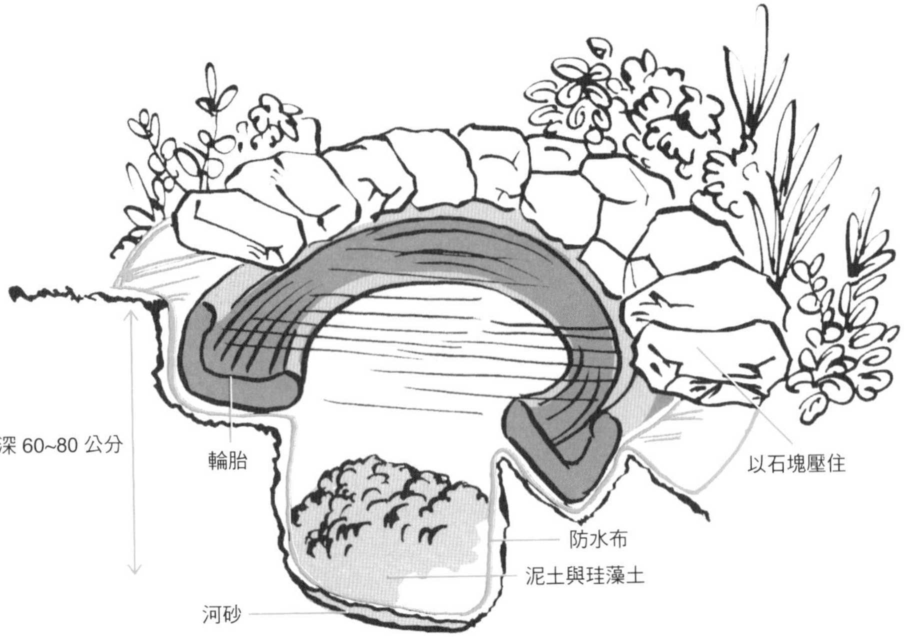

有裝設輪胎的庭池剖面圖。可讓水生植物與小魚棲息。
周圍可種植芹菜或鴨兒芹等可食用的植物。

製造方法

庭池的簡易構造法

利用輪胎製作庭池，順序如下：

1 挖掘放置輪胎的洞穴。中央深度約60～80公分，是池塘最深的部份，放置輪胎的邊緣挖得較淺。

2 在池底鋪上河砂，接著鋪防水布，從最深的底部沿著洞穴的形狀鋪上來，並且預留一些長度，鋪在輪胎與石塊下面。

3 慢慢加水進池中，讓水的重量把防水布壓緊，與池底密合。防水布與土層中間若有空隙請加土填滿。

4 將多出來的防水布裁掉，利用長木條與水平器，測量輪胎的位置是否確實放平，如圖所示，用石塊壓住輪胎的外緣。

5 在石塊間填入砂與石，然後再加點水。

6 在池邊種植適合溼地的植物，如芹菜、鴨兒芹等，池裡可放入青鱂魚等小魚類。

7 若要栽培水生植物，可先在池底鋪上15～20公分高的腐葉土或珪藻土（視植物種類而定）。珪藻土是經腐植化作用的水生植物形成，較不易鬆塌。

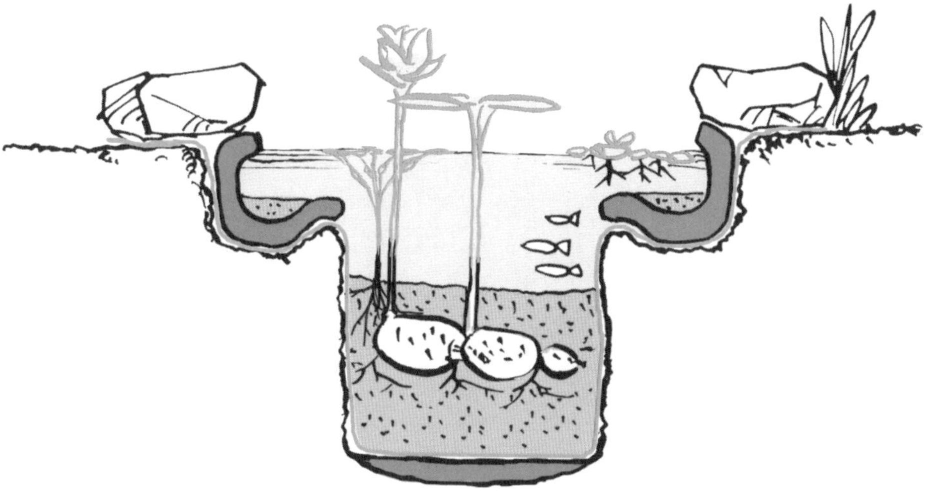

有裝設輪胎的庭池剖面圖。
水面有菱角生長、池底種蓮藕，庭池裡可飼養青 魚等小魚。

如何在庭池栽培水生植物

建議在庭池中栽培植物如下：

蓮藕 準備適合栽種的蓮藕（有3節以上，夠粗且已冒芽），在3月下旬到4月上旬種植。

首先準備土壤。在大型的水桶或盆子裡裝入珪藻土，加水攪拌至呈泥狀，也可加入堆肥。

將準備好的土鋪在池底，高度約20公分，然後注入10公分左右的水，將蓮藕埋入池中。當蓮藕冒出數枝荷葉時，可再施肥。

6月是荷花開的季節，可繼續追肥，到花瓣散落、荷葉枯萎時停止。10月至3月間是收穫的季節。

菱角 6月時準備好種子或苗芽，在池子裡裝盛20公分的土、40公分的水，即可開始栽培。菱角在秋季收成，煮過就能食用。

此外，也可在庭池中種蓴菜或滿江紅。

維護庭池，最重要的元素是水質。可利用雨水（128頁），讓庭池保持充足含氧量，並補充水量。

可收穫稻米，還有稻桿可用

一坪水田

家中的一坪地 體驗種稻的樂趣

只要有1坪（約2個塌塌米）土地，就可在自家輕鬆生產稻米。

1坪地可收穫的糙米量約1.5公斤，數量不多，但日本的飲食文化以米食為核心，若能在自家栽培，可體會到收成的特別喜悅。

另外特別值得一提的是可收穫稻桿。稻桿是種米的額外收穫，具有優異的保濕隔熱性，可作為層積堆肥的素材；若鋤入土裡，也可直接作為肥料。是日本樸門文化菜園的重要素材。

在庭院裡不只是栽培菜園，若能培養水田，可形成土地與水面兩種不同環境，形成豐富的生態及「邊緣效應」，並提高產量。

水田會聚集稻類害蟲的天敵，包括蜘蛛、螳螂、蜻蜓、青蛙等，為了吃蟲，鳥類也會飛到田裡，形成豐富的「生物多樣性」。

充分考量給水、排水系統 形成更有效率的配置

若想在家享受種水田的樂趣，首先要確保有足夠水源。樸門永續設計不採用自來水，提倡利用天然的雨水（128頁）等。想實踐「有效率的能源規劃」，可在自家旁的水田積極利用回收用水，譬如剩下的洗澡水，沒沖過肥皂的洗手水等，都可裝在水桶裡運到水田旁。不過其實也可以裝水管讓洗澡水從浴缸直通水田，別有一番樂趣。

若設置雨水儲存桶，就可直接將雨水導入水田。要是雨水不夠用，建議可搭配回收用水。

在種稻的過程中，若必須放掉田中的水，同樣也可以利用這些水灌溉菜園。

水田若設在住家南側，夏季時田中的水份蒸發，可降低周圍溫度；冬季時若放水當成庭池，可反射水面日光，在室內形成暖氣效果。

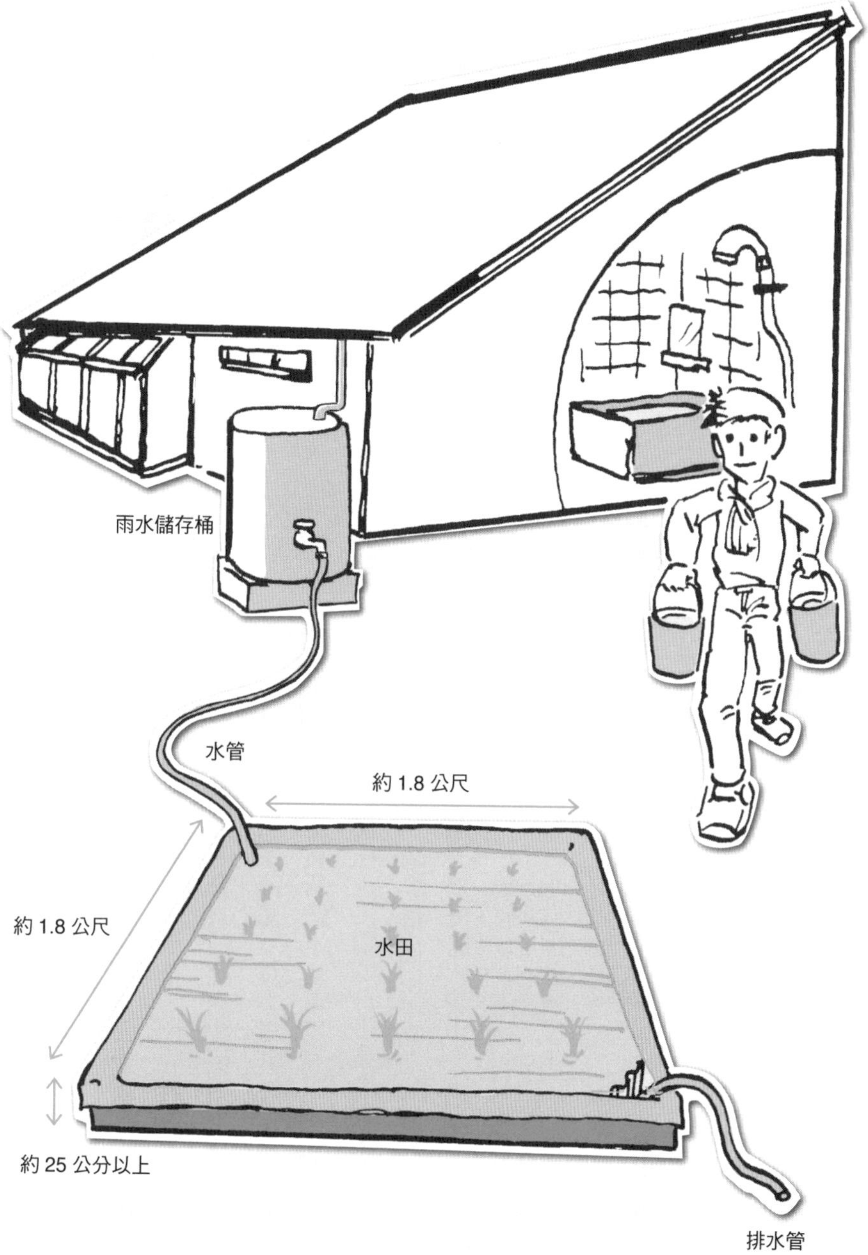

基本上可用水桶舀出剩餘的洗澡水，利用回收用水。
若設置雨水儲存桶，可利用水管將雨水導入田中。

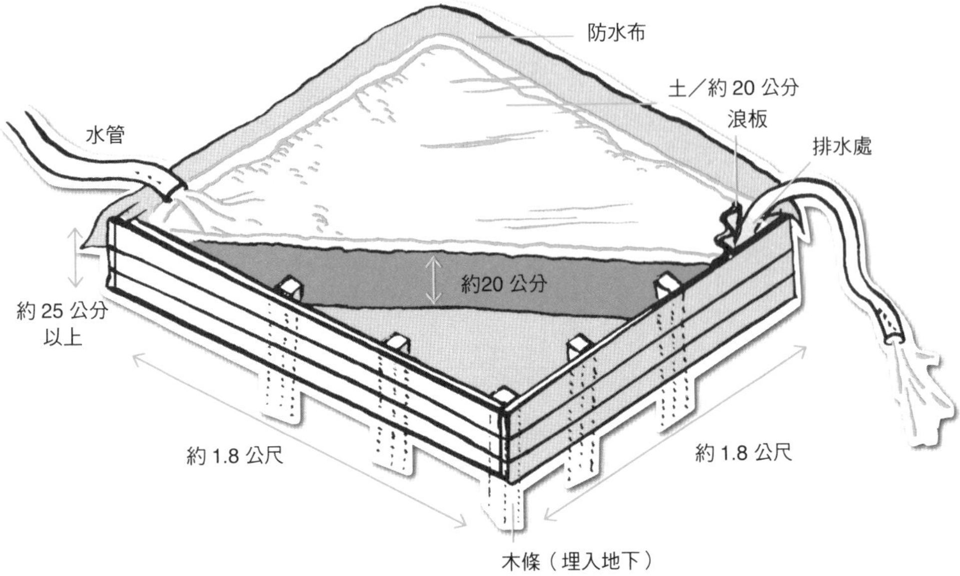

以木框圍出一坪水田。木框內側用木條固定，多餘的長度埋入地下。
選擇一角放置波浪板，形成排水空間。

利用虹吸排水原理設置一坪水田

以高度超過25公分以上的木板製作外圍，中間鋪上防水布，尺寸要比木框稍大些。接下來從中央向旁邊緩緩倒入土壤。土壤可向附近的農家商量，從菜園或山上挖一點也可以。若想購買新的土，可用黑土、赤玉土、鹿沼土混合使用。土壤的深度要有20公分。

若要排出田中的水，可利用虹吸現象的原理。首先將水管中裝滿水，一端放在排水處，另一端放在水田外側，高度低於排水處端的水管，水自然就會流出。

設置水田最輕鬆的方法，就是利用拌水泥用的長方形塑膠槽。將數個攪拌槽排列成一坪的大小，側面可鑽排水孔，用栓子固定。

也可以把地基挖深，讓水田的水平面與地面等高；不過因收成前等各種時機要把水放空，這種作法在排水上要下更多功夫。

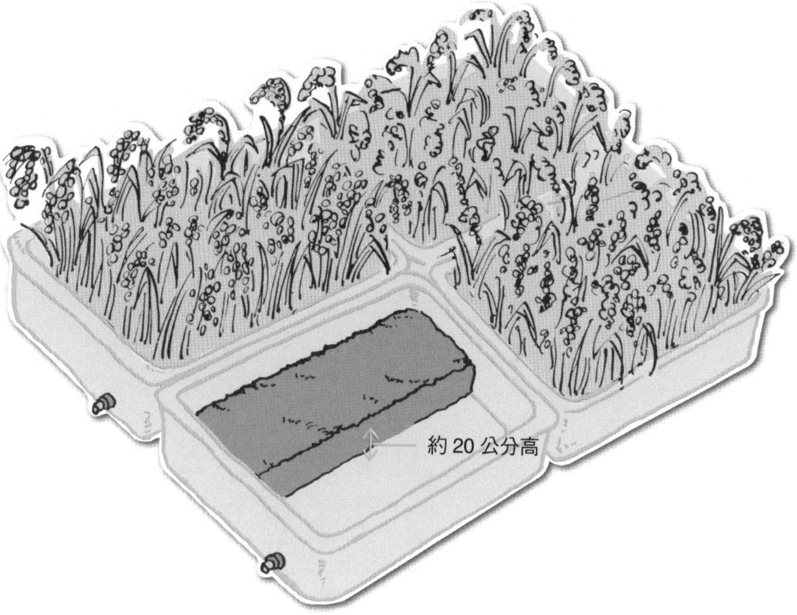

利用水泥攪拌槽排列成水田。
側面可設排水孔，鑽孔後插入塑膠管，以軟木塞固定。

插秧、收割、碾米，完整體驗稻米的一生

在3月下旬時，JA（Japan Agricultural Cooperatives日本全國農業協同組合聯合會）會販賣配合水桶用的種稻工具組，剛開始種稻可使用看看。若想購足秧苗，請先找附近的JA全農或農家討論。

5月初～6月上旬前，要完成插秧。6月時稻莖開始增生，7月時將田中的水放乾，讓土壤中的氧氣增加，促進稻根生長，然後再度放水。8月中旬～9月準備收成。在收成前約10天前停止供水，收割後的稻子先日曬2週，利用千齒扱或類似用具*，用力讓穀粒脫離。或將稻穗放在桌上，茶碗口朝下，用力往外刮。

接下來是碾米，將穀粒放入研缽或竹筐，以杵或橡皮球，利用磨擦的原理去殼，脫落的稻殼只要風吹就能去除。在日文網頁上也有資料，教人如何自製小型手動式碾米機。

*譯註：千歯扱為日本的傳統脫殼工具，附齒耙。早期台灣使用的工具是桶梯與摔桶。

4

享受田園生活，追求永續

從改造自己的家開始

在本單元，將介紹如何改造住家，讓菜園生活更豐富。如果將陽光曬得到的空間闢為溫室，背光的地方作為露台，就可作為連接家與菜園的多機能生活空間。可栽培苗床或當儲藏庫、飼養小動物、放置各種道具等。

此外，溫室或露台可保護家屋，形成蓄熱、隔熱的效果，符合「能源循環」的效果。

為了讓溫室在夏季有樹蔭、冬季有充足日照，前方可種植落葉木。在露台外側可種植常綠木，冬季可擋風，夏季可保持涼爽。適當運用植物，對於調節室溫會有很大幫助。

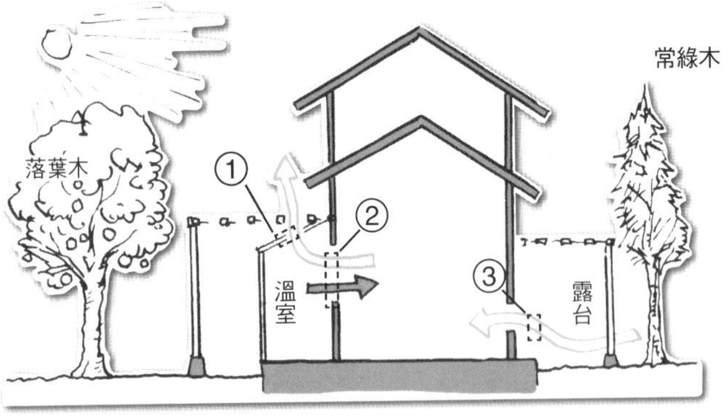

溫室與露台如何形成「能量循環」

夏：打開圖中位於①②③的通氣窗，讓北側的涼風進入室內。
冬：關閉①③的窗口，午間打開②，讓溫室的暖空氣流通室內。
夜間溫室的氣溫會下降，所以要關上②。

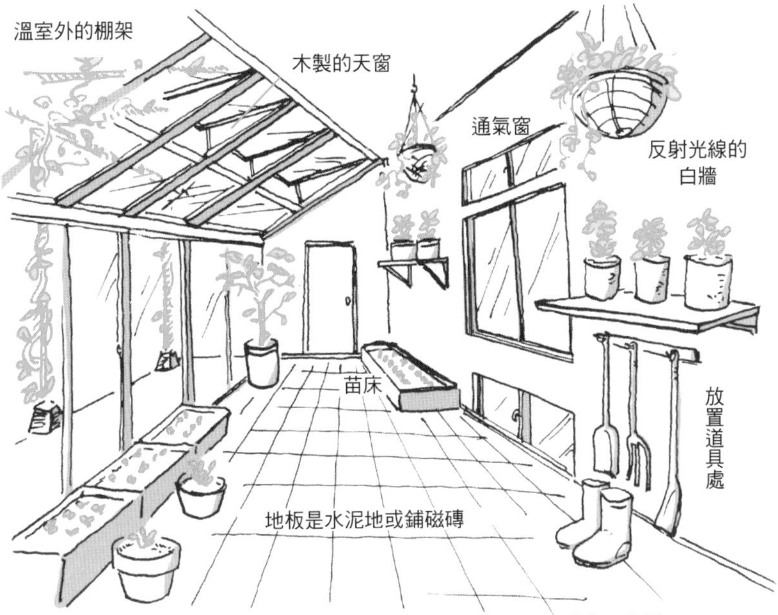

溫室設置為多用途空間，可培植苗床、放置工具、作為工作間，
也可直接穿鞋進入。

19

溫室

冬天作溫室、夏天可遮陽、雨天可當工作坊

配置與用途

在日照充足的一側，設置溫室

溫室可設置在家中日照充足的那一側。地面素材以容易蓄熱、可穿鞋踏入為原則，可使用水泥或三和土、磁磚等素材。溫室就像日本古時民家的「土間」（不鋪地板的中庭），可當作雨天的工作空間。

天井的部份與落地窗設計為可開闔，以便調整室溫。如果能使用木框與雙層玻璃，可減少結霧、提升隔熱效果。在溫室與起居室之間，可設置能開闔的通氣窗。

將牆壁漆成白色，可反射陽光，有助於在室內栽培作物。若是在冬季晴朗的天氣，白天待在溫室就很暖和，有節約能源的作用。

夏季為了遮陽，可在溫室外種植落葉果樹，例如：柿子樹、梅樹、桃樹、杏樹等，也可以種植落葉蔓性植物，如奇異果、葡萄、五葉木通等。

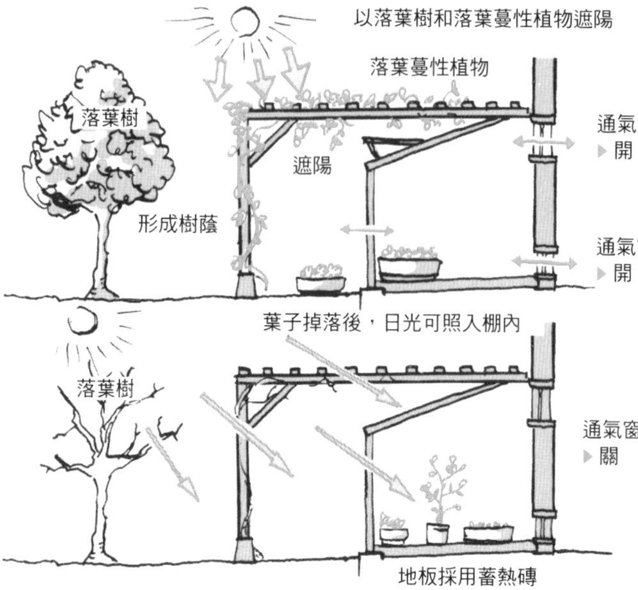

夏

如果棚架上有落葉蔓性植物，溫室就可成為作物的避暑場所。

冬

以玻璃覆蓋的溫室可作為作物避寒的場所。到晚上缺乏日照、氣溫下降，可利用窗簾或用布蓋住天井，為防寒可將作物放在木板上。

溫室的剖面圖。說明夏季與冬季如何調節溫度。

利用方法

溫室的四季栽培重點

冬季的溫室最適合準備春天栽培用的苗床。可在育苗箱或花槽填入土壤，充份澆水後播種。晴天時，玻璃窗內的室溫可能偏高，若已出芽，要注意通風與水份。若是畏寒的植物，譬如檸檬，可種在花盆裡在溫室過冬。

溫室內的適種時期可比戶外的田圃提早數月。譬如小黃瓜、青椒、茄子等，3月下旬就可以將種苗移植到花盆裡。蕃茄是春季栽種的作物，也能在溫室過冬。另外，冬季也可在溫室裡種植多種葉菜。

但冬夜溫度會急速下降，所以要利用窗簾保溫，用布隔離來自天窗的寒氣，並在花盆下墊木板，多費些心思調節溫度。

由於雨水不會打入溫室，也很適合作為收成加工的場所，譬如製作蜜餞或蘿蔔乾、梅乾等。

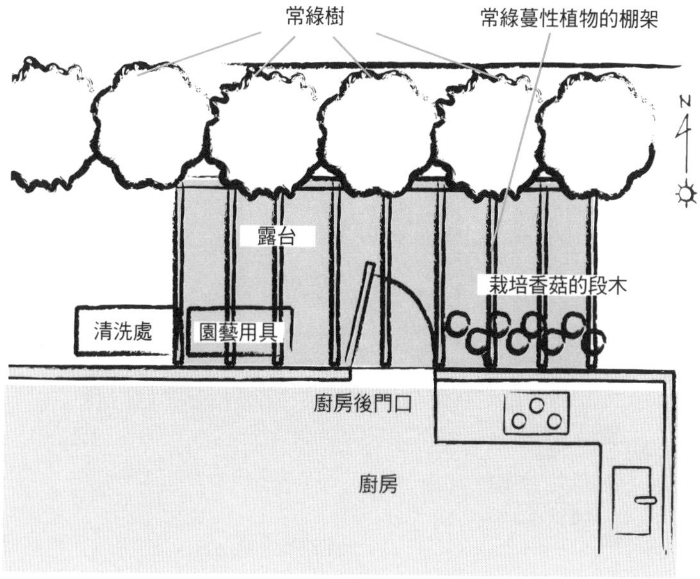

從廚房後門口到露台的平面圖。
夏季可在露台乘涼，也可作為作物加工與儲存的空間。

20 露台

綠意盎然，令人心曠神怡的空間

配置與用途

可避暑的多用途空間

露台要設置在住宅北側。可架設棚架作為天井，種植石月（Stauntonia hexaphylla）等不需要大量日照的常綠蔓性植物，讓藤蔓附著。此外，還可在露台外側種植常綠樹，擋禦北風吹襲。

露台可成為夏季乘涼的空間，也可當作放鬆的場所。如果在空間配置上讓溫室、起居室、餐廳、廚房、露台相通，就可利用自然風調節室溫，一整年維持涼爽。

如果露台就在廚房後門口外，可直接將蔬菜上的泥巴洗乾淨，也可當成作果醬、醃漬食物的場地，使用上相當方便。

露台還可放置菜園的園藝工具，或供其他用途，可說是相當多用途的空間。

棚架上種植
石月等常綠
蔓性植物。
廚房後門為便於
通風，採用可通
風的百葉門。
清洗處
栽培香菇的段木
棚架下種植
款冬、蕨菜、
鴨兒芹、芹
菜等僅需少
量日照的作
物。
圖為在露台栽培的作物。可種植適合少量日照的各類作物。

適合在露台栽種的作物

蔭涼的露台，也有特別適合栽培的作物，譬如僅需少量日照的芹菜、鴨兒芹、蕨菜、款冬、茗荷、土當歸等植物。

或利用陰暗的地方，培育豆芽菜。譬如像黑豆芽、綠豆芽、黃豆芽、苜蓿芽，用種子發芽，都很容易培養成功。

露台下也可種菇類。如果想種蘑菇，可在花槽中放入稻桿製成的堆肥，避免陽光直射與高溫，噴水保持濕潤即可栽種。

若想挑戰難度較高的香菇，可在秋天挑選約10公分寬的原木，質材要用橡木、櫻花木、山毛櫸、核桃木；鋸成90公分長後自然風乾，擺至翌年春。春季時在原木上鑽孔，填入香菇菌種，這就是段木接種栽培法。

在培育香菇時，要堆積段木並覆蓋防水布，使段木腐爛，還有其他許多步驟，須細心處理。除了詳讀相關專門書籍，購買菌種時也可向商家諮詢。

21

苗床

借助自然的力量培育種苗

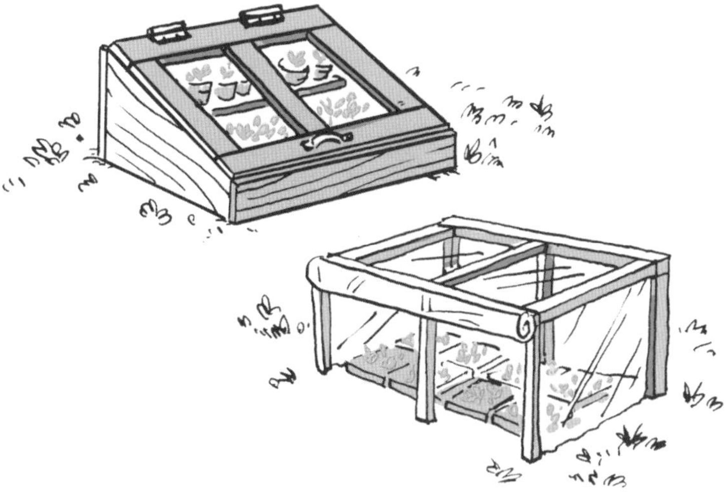

為了放入育苗箱，溫床有各種各樣的設計。構造上能要讓陽光透射，提高內部的溫度，但空氣仍要保持流通。

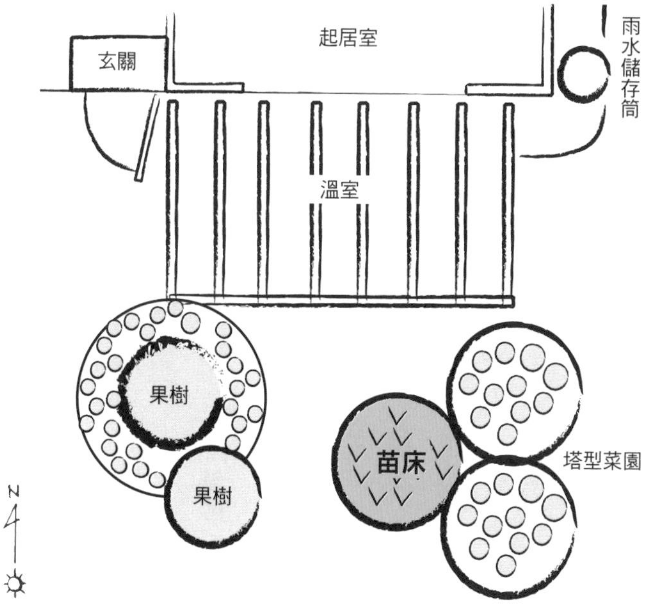

苗床應設置在離家近且視線可及的地方。若以塔型菜園（66頁）搭配苗床，上方較容易裝設保濕用的防水布或防鳥網，有許多優點。

將種苗安排在視線可及的地方

苗床是將種子培育為種苗的地方，一定要設置在容易看到的地方。譬如家中的陽台，或屋外離家近的菜園角落。

雖然也可以直接將種子播入田中，但特地製作苗床，可掌握種子適合的溫度與濕度，促使種苗發芽。冬季的苗床有催芽的效果，夏季可選擇通風良好的場所栽培包心菜苗。

如果能在育苗室進行，會更理想。育苗室的條件是可防風雨、室內維持恆溫，譬如前頁上圖的溫床就是一例。即使沒有這麼專門的設備，也可以用家中菜園一角闢為苗床。

在家庭菜園育苗失敗的原因，多半是未能及時觀察幼苗生長的狀態，遇到水份乾枯、發生根腐病等狀況。此外，在田裡播種時，要注意避免導致連作障礙。如果在剛發芽不久，察覺到幼苗有問題，就要及時放棄，重新播種。

配合周遭環境的育苗法

為種子與幼苗準備理想環境，方法如下：

室內　在蛋盒底部打小孔，盛入土壤後播種，放在日照充足的地方。要經常觀察，為種苗維持溫暖的環境。也可以試著自行調配土壤。在落葉中加入米糠或雞糞，攪拌後放置兩年，經發酵、分解後，就能供育苗使用（116頁）。

陽台　陽台若種植綠色簾幕（74頁），並設置防鳥網，夏天就能作為育苗的場地。不僅有效利用空間，也保護幼苗不被鳥吃。若想在室內育苗，要訣同樣是時常觀察。

屋外　在菜園一角堆輪胎，中間裝土，上方加裝透明塑膠，就成為小型育苗室。輪胎白天會蓄熱，冬天時可派上用場。

若想大量育苗，可參考148頁的傳統溫床。

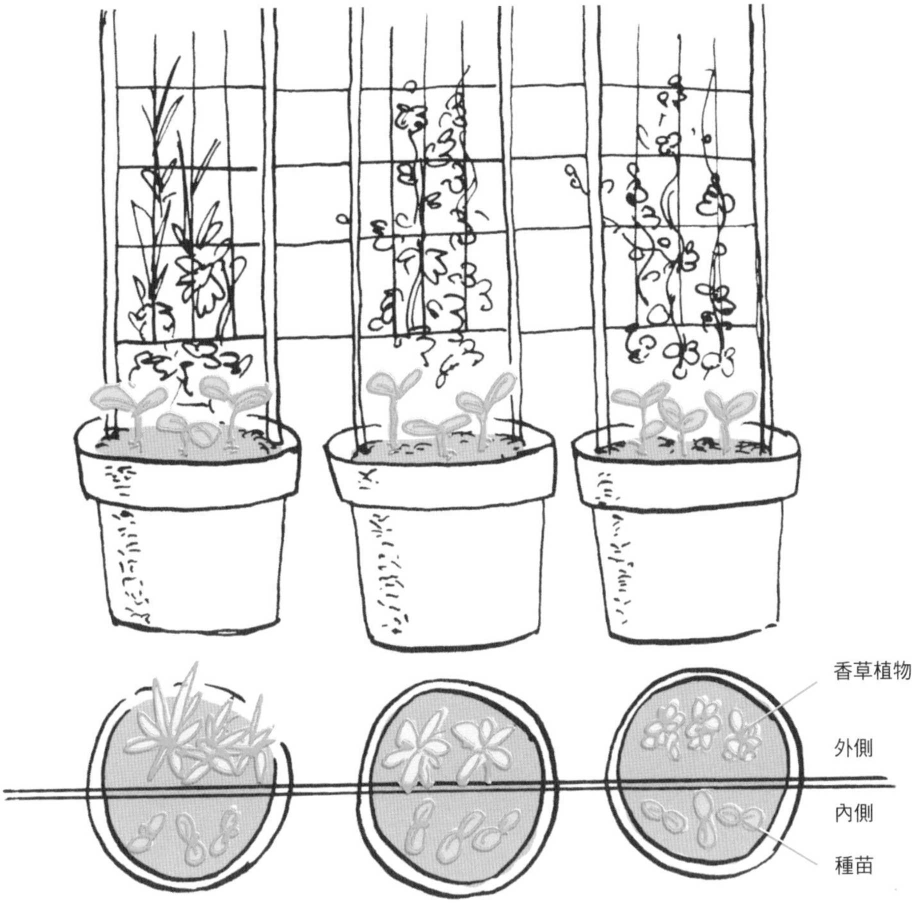

綠色簾幕盆栽（上圖）與俯瞰圖（下圖）。
簾幕內側的土壤作為苗床，栽培幼苗。
可在簾幕外側種植香草植物，保護幼苗不被鳥或蟲吃。

利用蛋盒製作苗床，栽培種苗。
蓋上盒蓋，就能禦寒、保持乾燥。

腳踏式溫床的製作方法

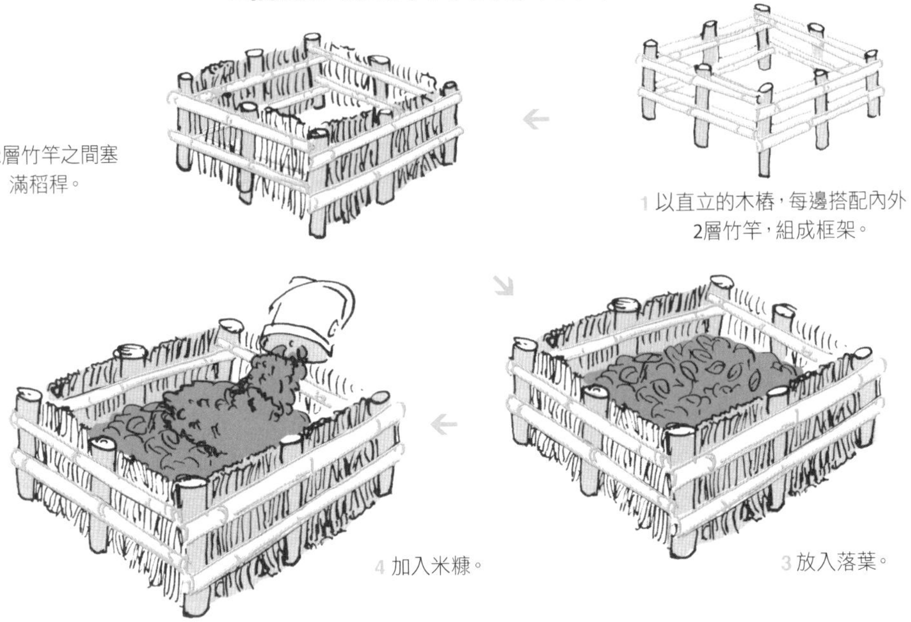
1 以直立的木樁，每邊搭配內外2層竹竿，組成框架。
2 在2層竹竿之間塞滿稻稈。
3 放入落葉。
4 加入米糠。

為育苗箱保溫
基本腳踏式溫床的製作法

腳踏式溫床的作用是為育苗箱保溫，利用傳統農耕技術，讓落葉或家畜的糞便發酵，在寒冬時仍能提早育苗。

通常都是在戶外的塑膠屋製造腳踏式溫床，但在溫室內製作也可以。若設置在屋外，可覆蓋透明塑膠布，在晴天及氣溫高時讓溫床通氣。

1 首先製作溫床的框架。以圓木樁固定4個角落，4邊中間再各加入1個木樁，裡外各釘上竹子，夾住木樁。

2 在竹子中間夾滿稻稈，形成溫床的外牆。另外也有種作法，用木條構成外圍的骨架，以木板作成外牆。

3～5 在框架中放入落葉、米糠跟雞糞。比例上，每100公斤的落葉要混入10公斤的米糠跟雞糞。

6、7 灑水入落葉堆中，澆到水滲出為止，然後再添加一些落葉、米糠、雞糞，然後用腳去踏。重

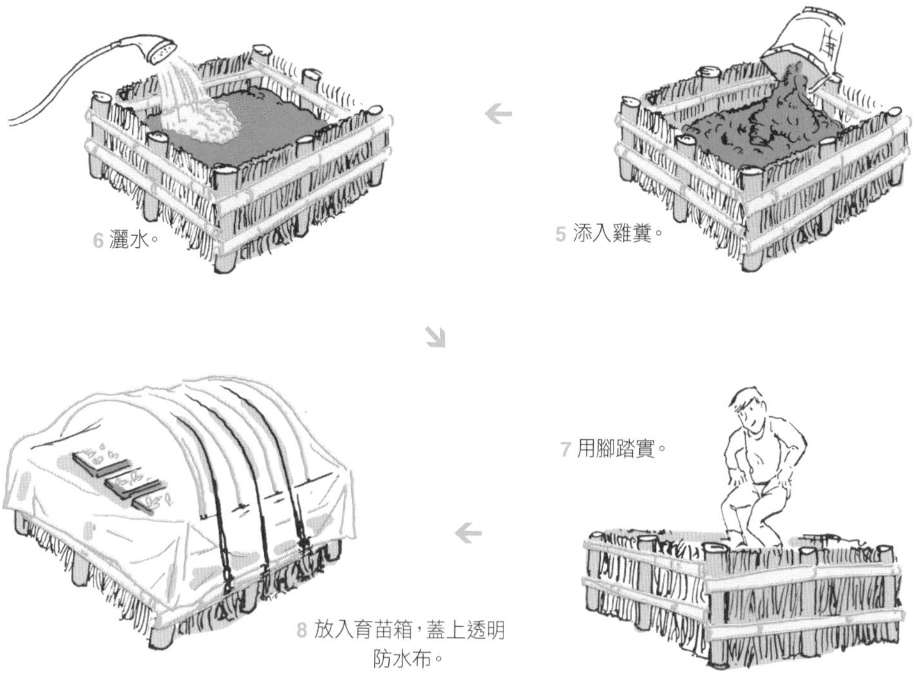
5 添入雞糞。
6 灑水。
7 用腳踏實。
8 放入育苗箱，蓋上透明防水布。

覆3～7的步驟共5次後，讓溫床的厚度達到70公分高。溫床的厚度若不夠，持續熱度的時間會比較短，若厚度較高，可長時間維持熱度。

8 由於使用材料或環境等條件，效果各有不同；溫床中的材料經發酵後，會發熱至攝氏40～70度。靜置1～2週後，將降溫至30度，這時可將育苗箱放置在溫床上。可為溫床架設防鼠的金屬網，上面覆蓋可透光的防水布，避免溫度過低。若是在屋外製作腳踏式溫床，寒冷的季節要鋪設2層防水布，以防溫度降至15度以下；但仍要特別注意，保持通風良好。

腳踏式溫床內部的材料，使用完畢後可用來栽種。在5月中旬可將落葉放在戶外促進分解，若放置1年以上，會分解得更細，可用網眼粗的篩子過濾，然後放入育苗箱內，栽培種苗。

落葉與雞糞首先可作為溫床，之後又能培育種苗，形成循環；可說是與樸門永續設計相呼應的日本傳統智慧。

擁有自家蔬菜

親身體驗採種的樂趣

透過自家採種 感受植物蘊含的生命力

依樸門永續設計的理念，鼓勵栽培當地的原生植物。

為了維持永續生活，享受栽培特色蔬菜的樂趣，本單元將介紹採種的方法。

在重覆採種過程中，儘量挑選好的品種，漸漸就會選出「比較相似的東西」，這類品種大致上已有既定的特色，在某種意義上可稱為「良種」。品種的外觀或許相似，但遺傳上有多樣變化；若植物在某個地帶扎根，經長時間栽培持續，這個品種就可稱為原生種。

不論是良種或原生種，都是前人費心留下的珍貴遺產。

若是由種苗公司篩選過，水準平均的優良種子稱為F1種（Filial 1/The First Filial Generation）。

F1種又稱「一代雜交種」，種出的植物外觀美、產量豐富、不易變質、比較不會發生連作障礙；結合2個具有不同特徵的品種，雜交培育出的種子，兼具2個品種的優點。不過這類種子到了孫代，就會開始出現各種好壞夾雜的特徵，因此僅適合種植一代。目前日本市面上販售的種子，多半是在國外採種的F1種。

F1種是為了配合大量生產、大量販賣，使用肥料與農藥栽培而誕生；樸門文化菜園以有機為本，不採用農藥，反而不適合採用F1種。

此外，F1種採種時偏重效率，或是目的僅限於培育一代，因此採用雄蕊不發達的品種，亦即所謂的「植物雄性不孕」。這與樸門文化菜園的精神——充份運用自然力量，有所牴觸。

在實踐樸門永續設計時，要以永續的農法為本，為維持永續生活，請挑戰看看，自行採種吧。

接下來以蕃茄、大豆、洋蔥為例，介紹採種的方法。蕃茄與大豆是家庭餐桌上常見的蔬菜，採種也比較容易；洋蔥的難度比較高。

各位不妨邊享受採種的樂趣，並思考植物蘊含的永續性與神秘性。

*原註1 雜交：具有不同遺傳特質的2個植物品種互相授粉。
*原註2 自株授粉：以同株植物的花粉讓雌蕊授粉。

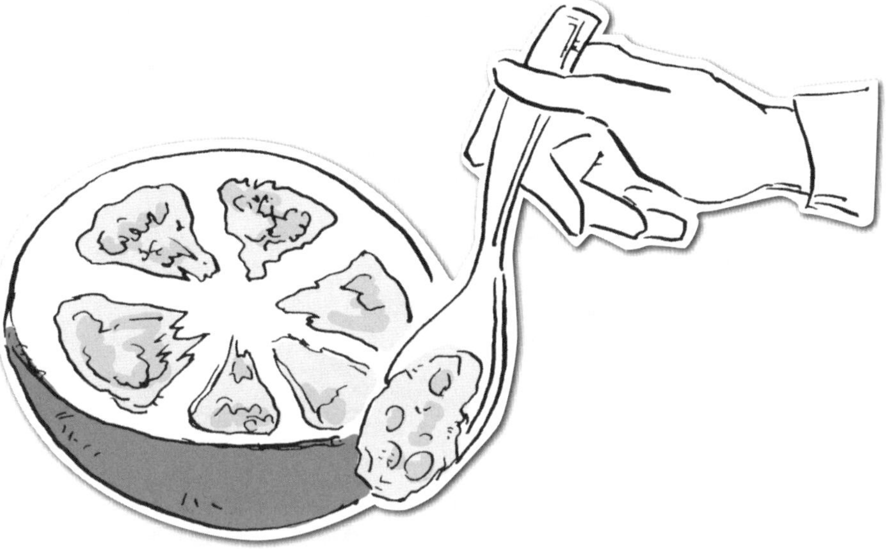

蕃茄的採種方法比較簡單，只要用湯匙把果凍狀部份挖出來即可，
適合作為家庭菜園採種的開始，享受其中樂趣。

蕃茄：可直接從果實採種、難度較低

蕃茄的自然雜交率低（*原註1），多半是自株授粉（*原註2）。對家庭菜園而言，也是容易採種的作物，種植蕃茄時儘量將不同品種間隔數公尺，避免混種；不過蜜蜂等昆蟲會訪花授粉，因此不是絕對有效。像迷你蕃茄的花柱較長（頂端是接受花粉的柱頭），容易與其他品種雜交，可隔遠一點種植，並選擇整排蕃茄正中間的果實採種。蕃茄會自然成熟，可直接從果實採種，而且難度不高。可事先研究特殊品種的外觀，挑選符合特徵的蕃茄。

1 切開果實，用湯匙或其他工具將果凍狀部份挖出，裝入塑膠袋，發酵1～2天，這時不可讓水份滲入袋子裡。藉由發酵的過程，可預防因種子造成的疾病（例如班點細菌病等）。

2 讓蕃茄的酵母產生作用，開始起泡後，裝在細網或篩子裡清洗，瀝乾水份，將一粒粒籽分開來晾乾，別讓蕃茄籽黏在一起，放在通風良好的地方，自然乾燥。

3 蕃茄籽儲存在低溫、乾燥的環境可保存4年。

*原註3 異株授粉：以異株植物的花粉讓雌蕊授粉。

大豆：可在小面積內採集數個品種

大豆的採種方法與其他豆科植物相似，譬如菜豆或豌豆等。不過蠶豆很容易異株授粉（*原註3），種植時最好與其他作物保持距離；種子也容易腐壞，要及時收成並乾燥。大豆由於是自株授粉，可在小面積內採集數個品種。

豆類等植物的原生種，與當地的氣候、土壤的條件、栽培方法有密切關聯。即使採用其他地區採取的種子，播種在自己的田裡，也常有失敗的例子，因此最好選擇鄰近地區或適合自家菜園的品種。

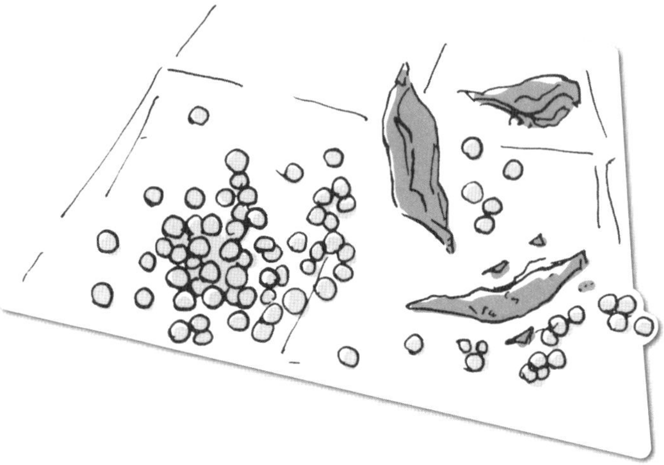

幫大豆採種，就是將種子從豆莢取出，相對較簡單。

1 當豆莢生長到豆粒飽滿彷彿可滾動的情形，就可整株剪下，進行採收。（因天候有時容易腐爛，請及早採收。）

2 選擇生長茂盛與健康的種株，吊在屋簷下雨水不會打入的地方，風乾到種子乾硬，豆莢裂開。接著鋪開防水布，叩擊整株大豆，把種子敲散出豆莢外。

3 接著用粗篩網過濾，並用電風扇把灰塵等雜屑吹掉。

4 將豆子放入盆子等平底的容器，剔除掉有病蟲害或裂紋的豆子，挑選較優良的種子。

5 大豆種置於常溫下，發芽率極低，約可放置2年。若作好溫度、濕度管理，可保存5年。

*原註4 二年生植物：一般在秋季發芽，過冬後在春夏開花、枯萎。又稱為越年生植物。

洋蔥：難度較高，充滿挑戰樂趣

洋蔥是較難採種的作物，所以栽種時多半採用F1種。幫洋蔥採種時，一定要避開雨。洋蔥是二年生作物（*原註4），將球莖採收後可保存，10月時重新種下，翌年會開花。到11月時採種量減少。

1 若將球莖（洋蔥）埋入土裡，水份過多會導致腐爛，因此放在土壤上，稍微埋過一點就好。因洋蔥需要昆蟲作為傳粉媒介，若隔離在屋子裡，授粉可能會不太順利。

2 最好在昆蟲活動的時期使洋蔥開花，但昆蟲不太喜歡洋蔥的花蜜，導致授粉困難。

難度較高的洋蔥採種。
最好能向經驗豐富的人請教。

3 用手指搓揉洋蔥花，有人工授粉的效果（限開花後3天內有效）。

4 洋蔥開花後容易攤塌，必須用繩子等綁住至少2處固定。

5 據說溫度到攝氏20～25度以上時，洋蔥的種子很難發芽，因此要儘量趁氣溫還沒升高前讓洋蔥結種。過熱時蔥葉全部會枯萎，但即使只剩下洋蔥花，仍然可以結實。洋蔥很容易附著一種害蟲叫薊馬（thrip），洋蔥若遭受薊馬侵害，降雨後容易壞死。另外，蔥類的病蟲害很容易轉移到洋蔥上，因此不要在附近種蔥。

6 若授粉成功，裝著種子的綠囊會膨脹，等變成白色時，就是種子成熟的時候。或是擠破時不會有白色的汁液流出，也是種子成熟的跡象。

7 將洋蔥花連莖共30公分長一起割下，放在不會淋到雨的地方，持續3週，達到追熟、乾燥的效果。考量到病蟲害威脅、不耐雨，及保持遺傳上的多樣性等因素，每次種植量約 維持在20株。

8 將種子與乾燥劑一起裝入瓶中，若放置在溫度1度的環境，據稱可保存10年。

後記

我們生存的時代已產生巨大的變動

NPO非營利組織「日本樸門永續設計中心」代表 **設樂清和**

我所出生的年代距今至少有五十年；大約在四十年前，剛開始懂事時所看到的景象至今已產生很大的變化。自己對這些變化背後的意義，看法也有一百八十度的轉變，從早先的樂觀轉為懷疑與否定。

經濟發展的確帶來物質上的富足，讓我們免於匱乏與貧困，從不安中得到解脫。然而，為了追求物質，對金錢的執念也導致心靈貧乏，破壞了富足的真正源頭——自然。

當自然環境與社會變得不穩定，人類的存亡也變得岌岌可危，我們應該要改變基本的價值觀，想想到底什麼才是最重要的。不過，這個新價值觀還尚未有明確的樣貌成形。

目前，我們對於過去覺得是常識的觀念提出質疑，而常識本來應該是維繫社會運作的基礎。這促使我們必須從頭探討人類與生命的意義。

這是很危險的狀況，但也是激發人類展現潛能的機會。世界上也的確出現各種作法，以更美好的未來為目標。正因為有慢慢有這些作為，持續形成一波波浪潮。

樸門永續設計應該也是這波浪潮的其中之一。如果在世界上實行樸門永續設計的場域擴大，在各地產生共鳴，互相呼應，就會形成巨大的波濤，讓既定觀念的堤防潰堤。

舉例來說，雞不只是產卵的動物，由於人類的知識不足，才會浪費寶貴的資源。但即使是正確的事情，不知不覺中，已無法融入我們的既有想法。

樸門永續設計著眼的永續性也是如此。如果只以眼前最大利益為優先，依循現有價值，就毫無轉圜的餘地。

不過，對於那些對未來懷抱希望、目前認真過日子的人而言，永續性不是一種前提條件，而是人類由自己手中創造出來的現象。首先，我們應該將永續性視為新價值觀的前提之一。

在世界各地創造出的永續文化，或許將持續匯集為同一個目標。

樸門與自然共生
建構新形態的永續文化

在這波浪潮中，日本傳統文化以永續農業為中心，如果以生活文化的角度重新解讀，相當具有啟發性與參考價值，可供世界其他國家學習。

比爾・莫利森、大衛・霍姆格倫將自己的親身經驗融合科學知識，加上從世界各地傳統文化得來的智慧，提倡與自然共生，匯集成樸門永續設計。他們一開始以文化為出發點，涉及各項領域，提供多樣化的視野。但這並不表示樸門已發展完全，它只是提供了一條地平線，我們立足於此，未來將看到什麼樣的景色，全看我們自己如何以意志繼續前行。

這時傳統文化將可提供協助，作為支撐的手杖。我們繼承了豐富的生活智慧，不求耗盡有限的自然資源，可說是肩負著構築新形態永續文化的責任。

由衷希望本書的讀者，都能參與這段文化形成的過程。

Problem is solution
問題就是解決之道

在這本書裡，介紹了各種各樣的技術與方法，但沒有一種是絕對的，嘗試後也有失敗的可能。但失敗的累積可顯示問題出自哪裡。

「問題就是解決之道」可說是樸門永續設計最基本的態度。

不過，重要的不只是解決問題；解決問題的過程具有更重大的意義。

在確定問題與找出解決方法的過程中，我們會察覺到：自身有許多潛在的感覺與思考方式，過去從未察覺。接下來，就是面對自然與自己，找出其中的本質。由於對本質的理解加深，就能解讀各種現象背後的意義，儘管現象本身似乎看不出脈絡；而理解加深後也更能讀懂文本。於是發現，解決各種問題的關鍵就在於自己。

問題原本並不存在。危險的是錯看問題的本質，提出看似很簡單的方法試圖解決。不知不覺中，大家將目前環境問題的焦點集中在二氧化碳造成溫室效應，以邁向低碳社會為目標，認為只要減少排碳量，就能改善環境。

然而環境問題其實也就是文化問題，如今問題的本質在於人類喪失了能夠維持永續的文化。樸門永續設計的目標在於察覺真相，重新建構文化。只有當所有明瞭本質的人們都加入行列，才有可能實現。

在歷史上，有幸參與、創造未來希望工程的機會可說是非常稀少，而我們正處於這個時間點。

二〇一〇年六月　於藤野

延伸閱讀／參考文獻

《建造附菜園的樂活公寓》
平田裕之、山田貴宏　自然食通信社

由經營社區菜園的 NPO 代表與擅長建設自然住宅的建築師合著。兩人結合智慧，融合生態學與公寓住宅，借重工程人員的技術，完成「花園莊」樂活公寓。內容記錄計劃過程，整體企劃以推動環保與人的成長為目標。

《不用農藥的家庭菜園——共生栽培》
木嶋利男　家之光協會

將不同植物種在一旁，達到促進生長、防治病蟲害、抑制雜草等效果，稱為共生栽培。書中依照植物的特性，舉例說明組合方式與栽培方法，並配合插圖，簡明易懂。

《在庭院養蜂，第一次採收蜂蜜——養蜂嗜好入門》
和田依子、中村純　山與溪谷社

蜜蜂會釀蜂蜜，並為作物授粉，是家庭菜園可愛的伙伴。內容包括養蜂的方法、適合採花蜜的植物，全國的蜂蜜產地地圖等各種資訊。

《利用野生植物，享受天然美容生活》
家之光協會

內容包括利用野生植物製作天然化妝水與面膜、面霜的簡易方法，並介紹野草茶、野草酒與野草浴等。將野生植物的能量融入生活，建議讀者舒適的生活提案。

《遊戲中學習 6 稻米的繪本》
山本隆一編、本邦子繪 農山漁村文化協會

日本人以稻米為主食，稻作更是日本文化的根源。在這本繪本中，先從水田稻作開始，介紹在水桶種稻的栽培方式，以及米飯食譜。小孩與大人都適合閱讀。

《樸門永續設計——自給自足的農耕生活》
日本樸門永續設計中心　創森社

配合日本的風土與環境，介紹樸門永續設計的想法與基本作法，編輯理念是推廣普及樸門永續設計，製作成手冊。

《樸門永續設計——農耕生活的永久設計》
比爾 ・ 莫利森等著　農山漁村文化協會

「樸門永續設計」是創造人類可永續生存的設計系統；本書是第一本將樸門正式引進日本的著作。

《PERMACULTURE：A Designers' Manual》
Bill Mollison TAGARI

出版於 1988 年，是樸門永續設計手冊中最完整的版本。這本書是供老師、學生、設計師參考，延續之前出版多年且長期受到支持的兩本入門教材《Permaculture One》（1978）、《Permaculture Two》（1979），多方面解說樸門永續設計的思想與設計方法。

《The Permaculture Home Garden》
Linda Woodrow Penguin Books Australia

作者在樸門永續設計的學習中，融合科學與常識，提出經過統合的有機體系，供設計庭園作參考。書中對於共生栽種與圓頂雞舍有詳細的解說。

《實踐樸門永續設計吧！ 如何創造喜樂生活》
安曇野樸門永續設計私塾　自然食通訊社

樸門永續設計誕生自澳洲，要如何在日本實踐呢？本書穿插照片進行介紹，可輕鬆閱讀。

《東亞農夫四千年的永續農業》（上）、（下）
Franklin Hiram King　農山漁村文化協會

東亞的農業已有四千年歷史，特色是集約耕作與廢物利用等。本書是美國農業學者 100 年前在中國、朝鮮、日本進行田野調查，所留下的觀察記錄與照片。

NPO 非營利組織
日本樸門永續設計中心（PCCJ）

為建構適合日本自然環境的樸門農法，1996 年設立於神奈川縣藤野町，除了推廣樸門永續設計，也提出永續生活與城鄉規劃的構想。自 1998 年開設樸門講堂以來，已有超過 500 位學員修畢課程，人才輩出。

〒 252-0186 神奈川縣相模原市綠區牧野 1653
Tel 0426-89-2088 Fax 0426-89-2224
http://www.pccj.net/
E-mail info@pccj.net

NPO 非營利組織　關西樸門基地

整個場地約有 140 坪，由美麗的群山環繞著，運用共生栽種與層積堆肥等方式，栽種蔬菜、穀類、果樹。並開設樸門永續設計基礎課程、田野實習課程，讓學員在協力栽種的過程中，學習具體實踐方法。

〒 651-1603 兵庫縣神戶市北區淡河町淡河 1448
http://pckansai.exblog.jp/
E-mail percul_kansai@yahoo.co.jp

NPO 非營利組織　九州樸門聯絡網

為推廣樸門永續設計，聯繫實踐樸門農法的各地伙伴，在九州設立據點，期許能為地區有所貢獻，打造健康富足的永續社會。另外，也舉辦樸門永續設計課程與研習會。

〒 869-0222 熊本縣玉名市岱明町野口 918-1
Tel/Fax 0968-71-1106
http://www.pcnq.net/
E-mail info@pcnq.net

NPO 非營利組織　沖繩樸門聯絡網（OPeN）

為擴展沖繩地方的樸門相關活動、實踐永續設計體系而設置；目的也在於讓當地居民互相交流，創造出共享富足生活的社區，並持續傳承下去。他們每個月在本島 3 處舉辦工作坊，每年於年末與年初時舉辦樸門永續設計研習營。

〒 903-0815 沖繩縣那霸市首里金城町 3-46-306
Tel/Fax 098-884-3123
http://okinawa-pcn.com/
E-mail contact@okinawa-pcn.com

安曇野樸門永續設計私塾

以「和平之家會館」與「舍爐夢」作為場地（其中「舍爐夢」特別致力於建構循環型社會），推廣與自然共生的生活方式，除了教導技術與方法，也提倡相關概念。

〒 399-8602 長野縣北安曇郡池田町會染 552-1
和平之家會館
Tel/Fax 0261-62-0638
http://www.ultraman.gr.jp/perma/
E-mail azpc-info@food.gr.jp

舍爐夢 農耕民宿

可在大自然間悠閒渡日，享受民宿提供的新鮮蔬菜與穀類飲食。「舍爐夢」（シャロム）的日文發音取自希伯來文「和平」，漢字則有「在爐邊作夢的小屋」的意思。附設採用有機食材的餐廳、有機咖啡館、自然食品店、販賣公平交易製品的環保雜貨店。

〒 399-8301 長野縣安曇野市穗高有明豐里 7958-4
Tel/Fax 0263-83-3838
http://www.ultraman.gr.jp/shalom/
E-mail shalomhutte@ultraman.gr.jp

富士自然公園民宿 /Fuji Eco-Park Village

以樸門永續設計的「規劃永續生活」為基礎，進一步倡導更環保的生活方式與各種改善環境的實踐方法。在各項體驗過程可達到學習的效果，既是民宿也是環境教育場所。

〒 401-0338 山梨縣南都留郡富士河口湖町
富士之嶺 633-1
Tel 0555-89-2203 Fax 0555-89-3377
http://www.fujieco.co.jp/index.php
E-mail fepv@fujieco.co.jp

自然農園ウレシパモシリ

ウレシパモシリ在愛奴語是「大自然」的意思。所以自然農園的經營理念是「希望整個社會的成員都能與各種生物和諧共存，讓生活更豐富。藉由營運農園，使大家更能體會到生命之間的關聯。」

〒 028-0113 岩縣花卷市東和町東晴山 1-18
Tel/Fax 0198-44-2598
http://ureshipa.com/
E-mail info@ureshipa.com

自然農園「彩虹之家」

以有機肥料栽培蔬菜，不噴灑農藥，並在空間充裕的小屋裡放養雞隻。這裡以零碎的蔬菜作為雞飼料，把雞糞當作農田肥料，貫徹循環型農業的理念。與其他樸門農園相比，離市中心較近，並定期舉辦農場參觀行程與農場體驗營。

〒 270-0145 千葉縣流山市名都借 965
http://rainbowfamily.blog101.fc2.com/
E-mail organicrainbowfamily@gmail.com

相模土壤淨化營業服務

養殖、販售縞蚯蚓，並出售製作蚯蚓堆肥的容器。

〒 259-1103 神奈川縣伊勢原市三之宮 116
Tel 0463-90-1332 Fax 0463-95-9667
http://www.mmjp.or.jp/mimichan
E-mail ij9t-skn@asahi-net.or.jp

日本大學建築 ・ 地域共生設計研究室

本研究室的宗旨，是探討如何讓建築與城鄉環境與生態和諧共存，並持續維持自給自足的狀態。所以對地域的自然、文化、生活資源各方面進行調查，與居民共同規劃如何維持地方的永續經營。目前以國外觀察進行的研究主題包括「樸門永續設計（農耕生活的永續設計）」、「生態環境博物園區」、「（與自然和諧共存的）共同住宅」、「生態村」、「以稻桿綑為建材蓋房子」、「自然建築」、「生態區」等。

〒 252-0880 神奈川縣藤澤市龜井野 1866
日本大學 生物資源科學部 生物環境工學科
建築 ・ 地域共生設計研究室
Tel/Fax 0466-84-3697
http://hp.brs.nihon-u.ac.jp/~areds/
E-mail itonaga@ brs.nihon-u.ac.jp

致謝

橫田淳平／自然保育農園

2004 年起在伊豆半島南端的南伊豆町建立農園，入住有 150 年歷史的古民宅。不採用農藥與化學肥料，在太陽下讓草與蟲自然生長，與農園和諧共存。

〒 415-0323 靜岡縣賀茂郡南伊豆町下小野 888
Tel/Fax 0558-62-1487
http://www.hagukumi-farm.com/
E-mail farmhagukumi@ybb.ne.jp

平田裕之／附設農田的樂活住宅——花園莊

2007 年在東京近郊 建立附農田的樂活住宅。2008 年 5 月 27 日出版《打造家中就有農田的樂活住宅》專書（簡稱「樂活住宅書」，自然食通信社發行）。

http://blog.canpan.info/eco-apa/
E-mail ecoapart@gmail.com

小林妙子

2006 年於 PCCJ 研習樸門永續設計課程後，立志成為熟諳生活智慧的魔女。2008 年在 PCCJ 的廚房工作 2009 年擔任樸門永續設計講座的實習講師，2010 年 3 月展開生活魔女的自療保養研究會。2011 年審訂專書《天然食譜——如何利用身邊的藥草、蔬菜吃出美麗》（家之光協會出版），期許成為人與自然界的橋樑，持續參與各項活動。

http://blog.goo.ne.jp/yakusommeliere

山田貴宏／一級建築士事務所 BIOFORM 環境設計室

以適合地域風土的自然素材與榫接木材建造家屋，儘可能讓環境充份發揮原有的潛質。

〒 185-0034 東京都國分寺市光町 2-1-25-1F
Tel/Fax 042-572-1007
http://www.bioform.jp
E-mail info@bioform.jp

土井孝浩

曾在岡山學習自然農法，經歷農耕生活，2008 年在關西修習樸門永續設計課程，目前致力於推廣關西樸門永續設計。特別關注全日本僅存的原生種植物，透過採種、栽種等過程，教導民眾原生種作物的重要性，以及市面上作物品種的相關知識。

Tranlogue Workshop

位於千葉縣上總一之宮車站附近，舉辦如何建構小屋的「自己蓋房子」Workshop、或是採用有機栽培，不噴灑農藥的「自己來種米」Workshop。並教導大家如何在鄉下找到適合的土地，怎樣建造家屋，落實在鄉間過環保生活的理念。

http://tranlogue.cocolog-nifty.com/blog/
E-mail info@tranlogue.jp

懶人農法第一次全圖解【10 週年暢銷經典版】

與自然共生的樸門設計，教你種出無毒蔬果，打造迷你菜園、綠能農舍

審　　定　設樂清和（NPO非營利組織「日本樸門永續設計中心」代表）
譯　　者　嚴可婷
封面設計　呂德芬
行銷企劃　陳慧敏、蕭浩仰
行銷統籌　駱漢琦
業務發行　邱紹溢
營運顧問　郭其彬
果力總編　蔣慧仙
漫遊者總編　李亞南
出　　版　果力文化／漫遊者文化事業股份有限公司
地　　址　台北市松山區復興北路331號4樓
電　　話　(02) 2715-2022
傳　　真　(02) 2715-2021
服務信箱　service@azothbooks.com
網路書店　www.azothbooks.com
臉　　書　www.facebook.com/azothbooks.read
營運統籌　大雁文化事業股份有限公司
地　　址　台北市松山區復興北路333號11樓之4
劃撥帳號　50022001
戶　　名　漫遊者文化事業股份有限公司
三版一刷　2023年4月
定　　價　台幣380元

設樂清和／審定

NPO 非營利組織「日本樸門永續設計中心」（PCCJ）代表，樸門永續設計講師。曾在新潟務農4 年，之後赴美深造環境人類學。返國後在神奈川縣藤野（現相模原市）設立NPO 非營利組織「日本樸門永續設計中心」，藉此確立日本樸門永續設計的原型，並舉辦各式各樣的工作坊。持續提倡各種生活提案，融合動物、植物、建築、能源、社區等要素。

笠原秀樹／顧問（作物栽培方面）

東京農業大學畢業後，開始從事庭園設計。曾在紐西蘭的彩虹谷農場學習樸門設計。返國後，曾在有機農家實習。目前經營千葉縣流山市自然農園「彩虹之家」，每年栽培50 多種蔬菜、放養300 隻雞，致力於小規模循環型農業。

ISBN　978-626-96380-9-3

國家圖書館出版品預行編目 (CIP) 資料

懶人農法第一次全圖解【10 週年暢銷經典版】：與自然共生的樸門設計, 教你種出無毒蔬果, 打造迷你菜園、綠能農舍/ 設樂清和 審定 ; 嚴可婷 譯. -- 三版. -- 臺北市 : 果力文化, 漫遊者文化事業股份有限公司出版 : 大雁文化事業股份有限公司發行, 2023.04
　面；　公分
譯自 : パーマカルチャー菜園入門
ISBN 978-626-96380-9-3(平裝)
1.CST: 蔬菜 2.CST: 栽培
435.2　　112002376